必携

PLCを使った シーケンス制御 プログラム定石集

装置を動かす**ラダー図作成**のテクニック

熊谷英樹 著

日刊工業新聞社

はじめに

PLC は Programmable Logic Controller の略で、プログラマブルコントローラまたはシーケンサと呼ばれることもある制御装置で、工場の設備や信号機などの制御に広く使われています。本書は、この一冊でPLCによるシーケンス制御プログラムをつくるための基礎知識からはじめて、装置を制御するためのプログラムをつくる考え方や構成の手法がわかるようになっています。テーマごとに完結した形の「定石集」にしてあるので、調べたい内容によって、どのページからでも辞書のように使っていただけます。それぞれの定石には、具体的な装置の構造と電気回路図を提示して、その装置がきっちりと動くプログラムと解説を掲載してあります。

本書は3部構成になっています。

第1部の「基礎編」では、PLC の構造や PLC 内部で行われている演算の仕組みなどの基礎知識や、PLC 制御の基本要素となる自己保持回路、パルス、タイマ、カウンタなどについての実践的な使い方について解説しています。ここでは、シンプルな装置を確実に制御するプログラムのつくり方を通して、制御に必要な基礎知識をわかりやすく学習し、制御プログラムの基本的な技術を習得してもらえるように工夫しています。

第2部の「応用編」では、まず、順序制御に使われるイベント制御型と状態遷移型のプログラム構造の考え方とつくり方を定石として紹介しています。順序制御を行うための定石を理解すると、自動供給装置や検査装置、インデックス搬送型の自動化装置などといった制御プログラムへの応用ができるようになります。たとえば検査装置では、不良品の判別方法や不良信号の処理方法についてのプログラムのつくり方を紹介するなど、PLC による制御プログラムを応用して使いこなせるように、具体的な装置を例にとって丁寧に解説しています。

第3部の「実践編」では、自動運転、異常表示、非常停止、原点復帰、装置のステップ送り、データメモリを使った生産管理といった、生産現場で実際に装置を使うときに必要となる制御プログラムの構築方法について解説しています。装置を動かしているシーケンス制御プログラムに、自動運転や非常停止、原点復帰などの機能を追加して、使い勝手のよい制御プログラムにする方法や、PLC を異常検出や生産管理に使うときのデータ処理の方法など、より実践的なプログラムをつくるテクニックを紹介します。掲載したプログラムの動作確認には、新興技術研究所製のメカトロニクス実習装置 MM3000V シリーズとメカトロシミュレータ MM3000-MSV2 を使いました。

いずれの定石も装置の構造をできるだけシンプルにして理解しやすいように心がけ、なおかつ重要なテクニックの要点がわかるような構成にしています。

前書の「必携 シーケンス制御プログラム定石集」および「必携 シーケンス制御プログラム定石集 part2」と合わせてご活用いただき、読者の皆さまの参考にしていただければ幸いです。

最後に本書発行の機会をいただいた日刊工業新聞社出版局の奥村功さま、ならびに企画・編集段階から適切なアドバイスをいただいたエム編集事務所の飯嶋光雄さまに感謝いたします。

2021 年 5 月

熊 谷 英 樹

本書で使われている記号について

1. PLC の配線図

　本書では、制御する装置の入出力信号がどのように PLC に接続しているのかを表すために、定石ごとに必要な電気回路図を記載してあります。電気回路図は PLC の入出力ユニットの配線図として、**図1**の例のように記述されていて、この配線図は、実際には**図2**のような配線になっていることを意味しています。一般的には DC 電源としてスイッチングレギュレータが使われていますが、図1では簡易的に電池の記号を配置した図にしてあります。

　外部機器を配線接続するのは入力ユニットと出力ユニットですから、PLC のそのほかの部分は記述していません。入出力ユニットの配線図から得られるもっとも重要な情報は、PLC の入力と出力の何番のリレー端子にどのような機器が接続されているのかということです。各定石ではその接続したリレー番号を使って PLC プログラムをつくっています。

2. 入力ユニットの配線

　次に入力ユニットの配線を見てみましょう。図1の例では入力ユニットの X00 に押しボタンスイッチが接続されていることがわかりますから、この押しボタンスイッチが指で押されると、入力リレーX00 のコイルが ON することになります。この時に、PLC の入力端子に接続されているのが、押しボタンスイッチの a 接点なのか b 接点なのかがわからないと制御プログラムを記述できないので、図1には接点の状態も記述されています。

　また、**図3**に記載したようにスイッチの種類によって接点の動作が異なってくるので、どのような種類のスイッチが使われているのかという情報もこの配線図から読み取れるようになっています。たとえば、図1の X00 では、指でスイッチを押しているときだけ ON になるモメンタリ型の押しボタンスイッチが接続されていることを示しています。このスイッチが、トグルスイッチのように、スイッチをいったん押したら押されたままになるオルタネイト型のスイッチであれば、プログラムはそれに対応したものにする必要が出てくるでしょう。このように、電気配線図は単純に機器をどこに接続するのかが記載されているだけでなく、それ以外にも重要な情報を提供しているのです。

3. 出力ユニットの配線

　本書で使っている出力要素の記号は**図4**のようになっています。空気圧シリンダを駆動するソレノイドバルブの配線では、配管部分は空気圧回路に記載され、電気回路図上はソレノイドバルブについているソレノイドしか記載されません。ソレノイドによって動作するシリンダを特定するには機械装置の装置図に記載された空気圧回路を見る必要があります。

　本書で扱うモータとしては、DC24V の電源で駆動される DC モータ、単層 AC100V で駆動される単層誘導モータ、三相 AC200V で駆動される三相誘導モータの3種類が使われています。

4. 電磁リレーと接点

　制御に使う電磁リレーのコイルと接点は**図5**のように記述されています。PLC のプログラムで使うリレーとプログラムの中のリレーは記述の仕方が異なるので注意してください。

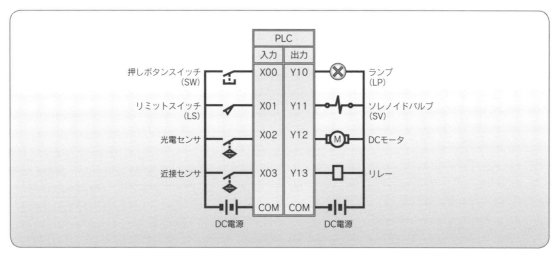

図1　本書の PLC 配線図の例

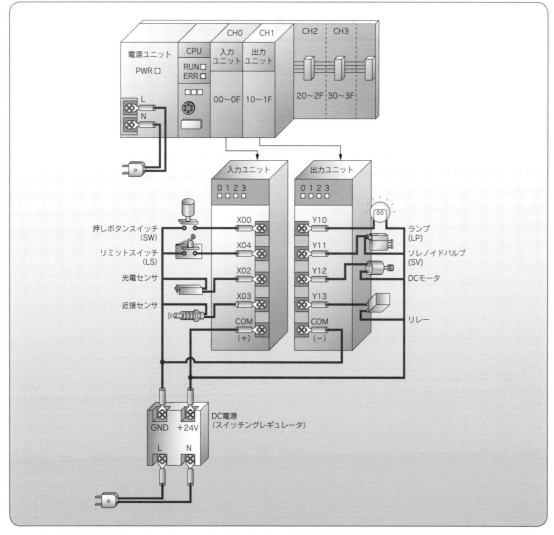

図2　実際の配線図

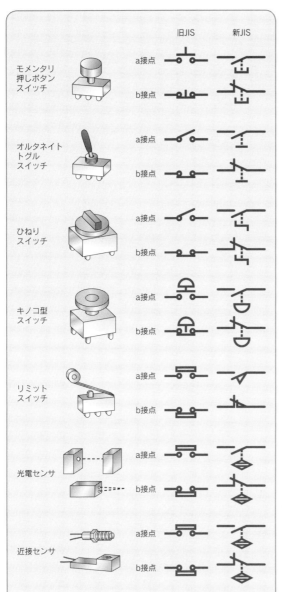

図3　入力要素の記号表現

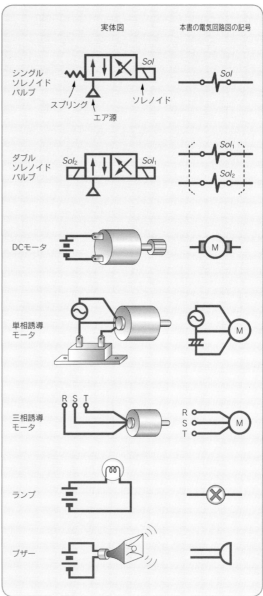

図4　出力要素の記号表現

5. 名称の簡略記号

　図や本文中のスイッチ、リミットスイッチ、ランプ、ソレノイドバルブは次のような簡略した記号が使われています。

　スイッチ：SW

　リミットスイッチ：LS

　ランプ：LP

　ソレノイドバルブ：SV

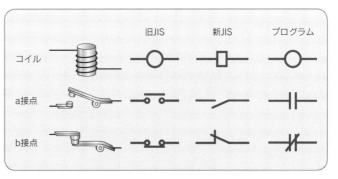

図5　リレーの記号

─目次─

第1部　基礎編

第1章　PLC による制御の予備知識

「PLC 制御」の定石

第2章　自己保持回路を使った制御プログラム

「自己保持回路」の定石

第3章 パルスを使った制御プログラム

「パルス制御」の定石

第4章 タイマを使った制御プログラム

「タイマ制御」の定石

第2部 応用編

第5章 イベント制御型の順序制御プログラムのつくり方

「イベント制御型」の定石

第6章 状態遷移型の順序制御プログラムのつくり方

「状態遷移型」の定石

第7章　自動供給装置の制御プログラム

「自動供給」の定石

第8章　検査装置の制御プログラム

「検査装置」の定石

第9章　インデックス搬送型自動化装置の制御プログラム

「インデックス搬送」の定石

第3部　実践編

第10章　自動運転と異常表示のプログラム

「自動運転」の定石

第11章　非常停止と原点復帰のプログラム

「非常停止」の定石

第12章　装置をステップ送りするプログラム

「ステップ送り」の定石

第13章　データメモリを使ったプログラム

「データメモリ」の定石

第1部　基礎編

第1章

PLC による制御の予備知識

ここでは PLC を使った制御に役立つ PLC の構造や PLC の内部で行われている演算の方式について解説します。また、PLC のプログラムに使われる自己保持回路やタイマ、パルスなどの基本的な要素の実践的な使い方を具体的な装置の例を使って説明します。

電源ユニット　CPU　入力ユニット　出力ユニット

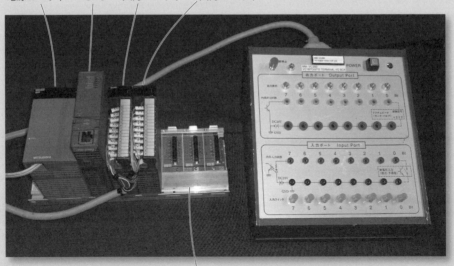

PLC
(Qシリーズ)

ベース
ユニット

ターミナル I/O ボックス
(VC300)

PLCの構成と入出力ユニットの働きを理解する

定石 1-1

PLC を使って装置を制御するために必要な基礎知識について解説します。
PLC の構造や入出力ユニットの配線方法、PLC プログラムの動作について、簡単な例を使って説明します。

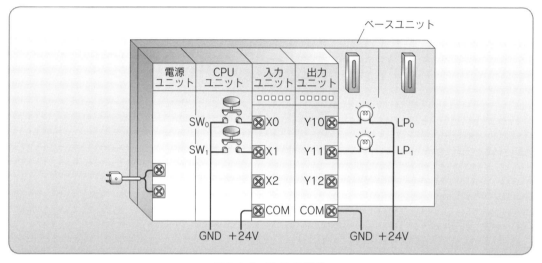

図 1-1-1　PLC の構成

(1) PLC を構成するユニット

　PLC にはベースユニット、電源ユニット、CPU ユニット、入力ユニット、出力ユニットなどのユニットがあり、**図 1-1-1** のように組みつけて使用します。PLC の機種によってはベースユニットがなく、ユニット同士を直接連結できるものや、電源と CPU、入力、出力が一体となったパッケージ型のものもあります。

　装置のスイッチやセンサなどの入力機器は PLC の入力ユニットに接続し、ランプやリレー、ソレノイドバルブなどは出力ユニットに接続します。図 1-1-1 は PLC の入力ユニットの X0 と X1 の端子にスイッチ SW_0 と SW_1 を接続し、出力ユニットの Y10 と Y11 の端子にランプ LP_0 と LP_1 を接続した例です。スイッチ SW_0 を ON にすると、PLC プログラムの中の X0 の接点が ON になり、プログラムで Y10 のリレーコイルを ON にするとランプ LP_0 が点灯します。

　図 1-1-1 の構成を電気回路のシンボルを使って簡易的な電気回路図にしたものが、**図 1-1-2** の PLC 配線図です。本書ではこの簡易的な配線図を使うことにします。

(2) PLC のプログラムと入出力の変化

　図 1-1-1 の PLC のプログラムがたとえば**図 1-1-3** のようになっているとしてみましょう。

　入力リレーX0 と X1 の接点はスイッチ SW_0 と SW_1 で ON/OFF するので、入力リレーのコイルはプログラム上にはありません。このプログラムの 1 行目を見ると、X0 が ON になったときに出力リレーY10 のコイルが ON になるように書かれています。X0 はスイッチ SW_0 に、Y10 はランプ LP_0 に配線されているので SW_0 を押すと X0 の a 接点が ON になり、LP_0 が点灯することになります。

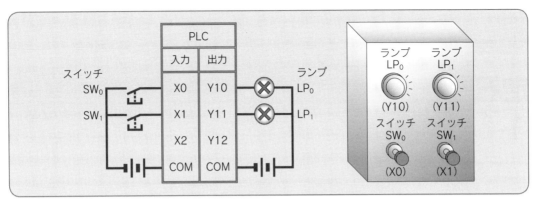

図 1-1-2 　PLC 配線図 （簡易回路図）

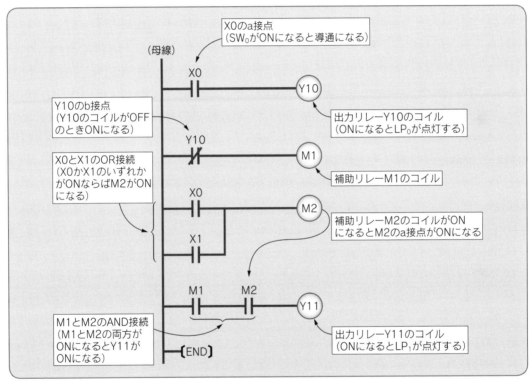

図 1-1-3 　PLC のプログラム例

　2 行目では Y10 の b 接点が補助リレー M1 のコイルにつながっているので、Y10 のコイルが OFF の
ときに M1 のコイルが ON になります。

　3 行目では X0 と X1 の OR 接続になっているので、X0 と X1 の少なくとも一方が ON になると M2
が ON になります。4 行目では M1 と M2 の AND 接続なので、M1 と M2 の両方のコイルが ON のと
きに限って Y11 のコイルが ON になってランプ LP$_1$ が点灯します。

　このように母線からコイルまでの間が導通になるとリレーコイルが ON になり、そのリレーの接
点が切り換わるようになっています。

(3) PLC の繰り返し演算

　PLC はプログラムの先頭から順番に演算を実行して行き、END 命令を実行するとまた先頭に戻
って繰り返し演算をしています。演算の 1 周を「1 スキャン」と呼んでいます。

入力信号がONになるとPLCのI/Oメモリに1が書き込まれることをイメージする

PLC の入力ユニットに入力信号が入ると、入力した端子と同じ番号のI/O メモリがON になることをイメージします。

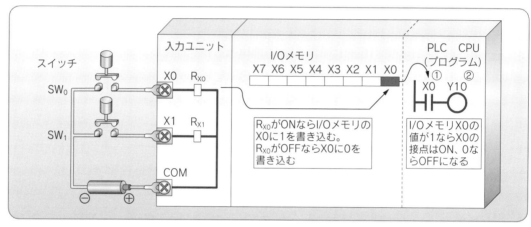

図 1-2-1　PLC の入力 X0 と X1 に接続したスイッチ

(1) PLC の入力ユニット

　PLC の入力ユニットにはスイッチや接点、センサなどの入力機器の接点を接続します。

　図 1-2-1 のように PLC の入力ユニットの X0 にスイッチ SW_0 を配線すると、SW_0 が押されたときに、リレー R_{X0} が ON になり、PLC の I/O メモリの X0 に 1 が書き込まれます。スイッチが押されていないときには R_{X0} が OFF になって I/O メモリの X0 に 0 が書き込まれます。

(2) プログラムとの関係

　この PLC の CPU に書き込まれているプログラムを実行したときに、①の部分では I/O メモリの X0 の値を呼び出すので、SW_0 が ON ならば 1、OFF ならば 0 になります。②ではその値を Y10 に書き込んでいます。その結果、X0 が ON ならば Y10 に 1 が書き込まれ、出力端子 Y10 が ON になります。

　このように、入力ユニットに接続されている入力機器の接点の ON/OFF によって I/O メモリに 1 か 0 を書き込むようになっているのが PLC の入力ユニットです。

(3) 一括入力方式と逐次入力方式

　PLC が一括入力方式で動作しているときには、プログラムの先頭行を実行する直前にプログラムで使われている入力の I/O メモリの値を一括して読み込みます。その後プログラムを 1 行目から END 命令まで順に実行するときには、一括読み込みをした入力の I/O メモリの値を使って演算します。

　逐次入力方式の場合には、プログラムの中の入力リレーの接点の演算を実行するときに、毎回 I/O メモリの状態の読み込みを行う制御方式です。一般的には一括入力方式が使われています。

PLCの出力端子をONにするにはI/Oメモリに1を書き込むことをイメージする

PLC の出力ユニットの出力端子は、PLC の I/O メモリの ON/OFF によって動作します。出力リレーを ON にすると同じ番号の I/O メモリが ON になり、その番号の出力端子の出力が ON になります。

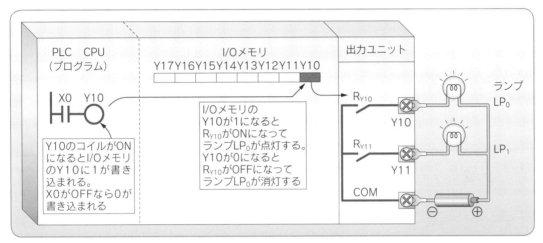

図 1-3-1　PLC の出力 Y10 と Y11 に接続したランプ

(1) PLC の出力ユニット

　図 1-3-1 のように、PLC の出力ユニットの Y10 の端子にランプ LP_0 が配線されていたとすると、I/O メモリの Y10 に 1 が書き込まれたときに R_{Y10} が ON になり、ランプ LP_0 が点灯します。また I/O メモリの Y10 に 0 が書き込まれると、R_{Y10} は OFF になってランプ LP_0 は消灯します。

　そこで図中のプログラムが実行されているとすると、入力リレーX0 が ON になると Y10 のコイルが ON になり、I/O メモリの Y10 に 1 が書き込まれて、出力ユニットの Y10 に接続しているランプ LP_0 が点灯します。また、X0 が OFF になると I/O メモリの Y10 に 0 が書き込まれてランプ LP_0 が消灯します。

(2) I/O メモリは記憶素子

　I/O メモリはメモリという名前がついているのでわかるように、記憶素子が使われています。いったん I/O メモリに 1 が書き込まれると、I/O メモリは 1 の値のまま保持します。1 になっている I/O メモリを 0 にするためには、0 を書き込まなくてはなりません。このため、I/O メモリに 1 を書き込んだ状態で CPU の演算を停止すると、その I/O メモリの出力が ON したままになることがあります。

(3) 一括出力方式と逐次出力方式

　プログラムの 1 行目から END 命令までの演算が完了した時点で、出力ユニットの出力端子の状態を一括して切り換えるものが一括出力方式です。演算の途中では出力端子の状態は変化させません。これに対し、プログラムの演算途中で出力リレーの状態が変化したら、すぐに出力端子の状態を切り換えるようにしたものが逐次変換方式です。一般的には一括出力方式が使われています。

PLCのプログラムは論理演算を使って解析する

PLCプログラムの動作を解析するには、プログラムを論理演算と考えて、真理値表で表現するとわかりやすくなります。

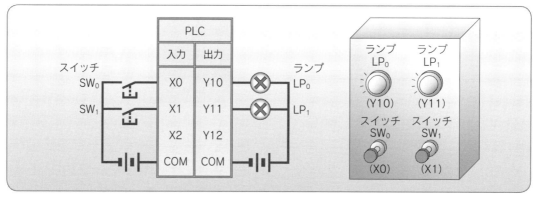

図 1-4-1　PLC 配線図

(1) 論理演算を使ってプログラムを解析する

　図 1-4-1 の装置を図 1-4-2 のプログラムで動かしてみると、2 つのスイッチ SW_0 と SW_1 が両方とも ON のときにランプ LP_0 が点灯します。X0 と X1 は AND 接続をしているので、このプログラムは X0 と X1 の AND 演算の結果を Y10 に代入することを意味しています。ON を○ OFF を×として真理値表をつくってみると図 1-4-3 のようになります。この表の 1 番下の行のように X0 と X1 がともに ON のときだけ X0 と X1 の演算結果が ON になるので、Y10 が ON になることがわかります。

　プログラムを変更して、図 1-4-4 の (1) と (2) の 2 つのプログラムで装置を動かしてみると、どちらのプログラムでも同じ動作をします。すなわちスイッチ SW_0 (X0) と SW_1 (X1) の両方が ON したときに限ってランプ LP_0 (Y10) が OFF になります。その動作を調べるために、両方のプログラムの真理値表をつくったものが図 1-4-5 です。$\overline{X0}$ は X0 の否定で、X0 の b 接点を $\overline{X0}$ と表現しています。この表から $\overline{X0}\ OR\ \overline{X1}$ と $\overline{X0\ AND\ X1}$ は等しい真理値になることがわかります。

　このように PLC プログラムは論理演算回路として解析することができます。

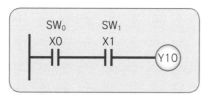

図 1-4-2　AND 接続のプログラム

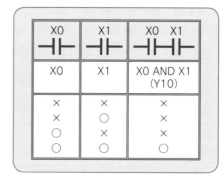

X0 ―┤├―	X1 ―┤├―	X0 X1 ―┤├┤├―
X0	X1	X0 AND X1 (Y10)
×	×	×
×	○	×
○	×	×
○	○	○

図 1-4-3　AND 接続の真理値表

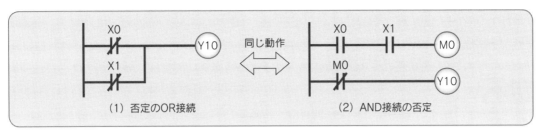

図1-4-4　同じ動作になる2つのプログラム

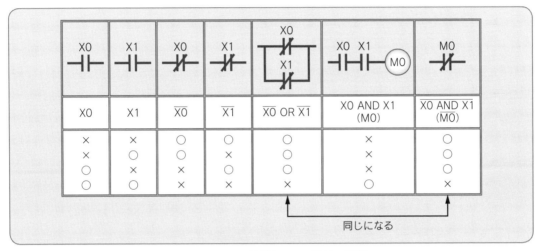

図1-4-5　OR接続とAND接続の関係

（2）論理演算にならないセット・リセット命令

　PLCの入出力を行っているI/Oメモリは記憶素子なので、いったん1か0の値が書き込まれるとその素子に別の値が上書きされるまでその値を保持します。

　出力のI/Oメモリに直接1や0を書き込むにはセット・リセット命令を使います。I/Oメモリに1を書き込むにはSET（セット）命令を使い、0を書き込むにはRST（リセット）命令を使います。SET命令でONにした出力はRST命令などで0が書き込まれるまでONしたままになります。

　図1-4-6のようにプログラムすると、X0がONになったときにSET命令を実行し、X1がONになったときにRST命令を実行します。X0のa接点は〔SET Y10〕という命令を実行するための条件式になっています。その結果、X0がONになったときにI/OメモリのY10に1が書き込まれるので、出力Y10はONになり、ランプLP_0が点灯します。X1がONになって〔RST Y10〕という命令が実行されるとI/OメモリのY10に0が書き込まれるので出力Y10はOFFになり、ランプLP_0が消灯します。

　このようにSET命令はI/Oメモリに1を書き込む命令なので、直接的な論理演算にはなりません。

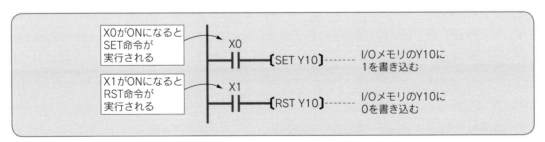

図1-4-6　セット・リセット命令

自己保持回路で制御するには自己保持の開始条件と解除条件をつくる

定石 1-5

自己保持回路には自己保持にするための開始条件と解除条件があります。この2つの条件を上手に使うと装置の制御ができるようになります。

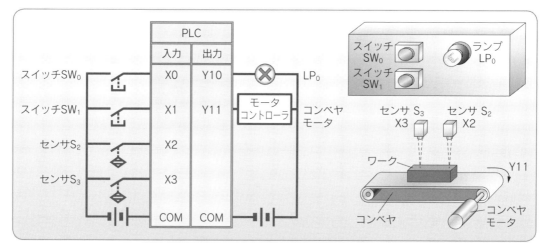

図1-5-1　ランプとコンベヤの制御

（1）自己保持回路の開始条件と解除条件

図1-5-1のようにスイッチ SW_0 と SW_1 が PLC の X0 と X1 に、センサ S_2 と S_3 が X2 と X3 に、ランプ LP_0 が Y10 に、モータコントローラが Y11 に配線されているものとします。

自己保持回路を使ってスイッチ SW_0 でランプ LP_0 を点灯して SW_1 で消灯するには、図1-5-2のようなプログラムにします。X0 が ON になると Y10 が自己保持となり、X1 で自己保持が解除されるので、X0 を「自己保持の開始条件」、X1 を「自己保持の解除条件」と呼んでいます。

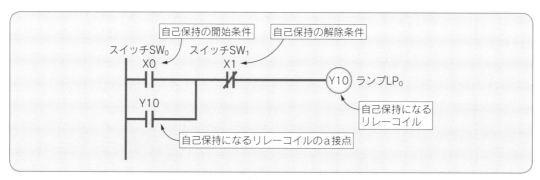

図1-5-2　ランプ出力 Y10 の自己保持回路

（2）自己保持回路を使ったコンベヤの制御

自己保持回路は開始条件と解除条件が決まれば出力を制御できるようになります。たとえば SW_0

を2秒間押したときにモータを駆動して、センサS_2とS_3の両方がONしたときにモータを停止するのであれば、まず、その2つの条件を**図1-5-3**のようにプログラムにします。すると T0 の接点が自己保持の開始条件になり、M1 の b 接点が解除条件になります。自己保持にするリレーコイルはモータの駆動出力 Y11 ですから、Y11 を自己保持にするプログラムは**図1-5-4**のようになり、全長が長いワークがきたときにS_2とS_3が両方同時に ON になるので、コンベヤは停止します。このように自己保持回路は開始条件と解除条件をつくって制御します。**写真1-5-1**は、コンベヤに2個のセンサを取りつけて、全長の長いワークを検出する装置を構成した例です。

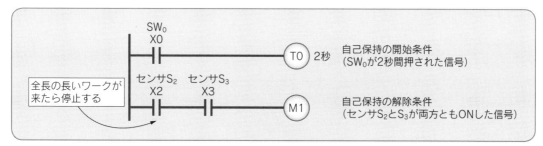

図1-5-3　開始条件と解除条件

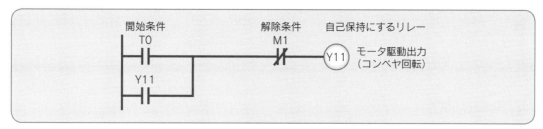

図1-5-4　モータ駆動出力の自己保持回路

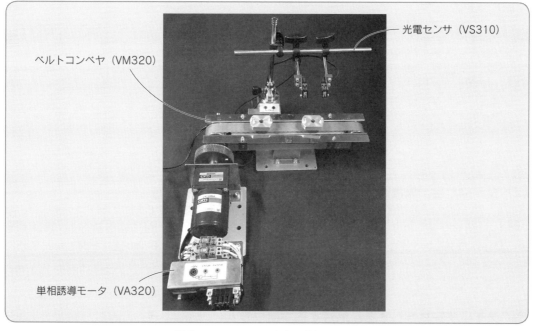

写真1-5-1　コンベヤと2個のセンサ

<table>
<tr><td>PLC 制御</td><td rowspan="2"># 入力信号の時間遅れを
つくるにはタイマを使う</td></tr>
<tr><td>定石
1-6</td></tr>
</table>

タイマは、タイマに入力した信号が ON してから設定時間が経過したときにタイマの接点が切り換わる動作をします。タイマを使うとタイマに入力した信号の時間遅れの信号をつくることができます。

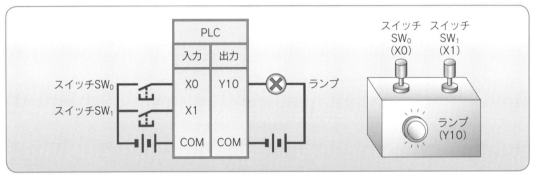

図 1-6-1　スイッチとランプの配線図

(1) タイマの動作

図 1-6-1 のように PLC にスイッチとランプが配線されているときに、スイッチ SW_0 を 1 秒間押したらランプを点灯するには、タイマ T1 を使って**図 1-6-2** のようなプログラムになります。

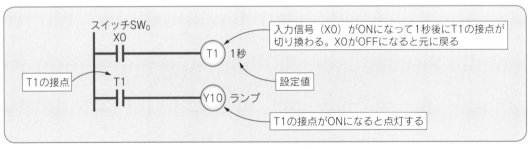

図 1-6-2　タイマによる時間遅れ

(2) タイマと自己保持回路

スイッチ SW_0 を 1 秒間押すと、ランプが自己保持になって点灯したままになるプログラムは、**図 1-6-3** のように 2 通りの書き方ができます。(1) は X0 の信号をタイマ T1 で置き換えて、X0 の信号の時間遅れのタイミングでランプを点灯するもので、T1 はスイッチ SW_0 の信号を遅らせた信号になっています。(2) のタイマ T1 はスイッチ SW_0 が 1 秒間 ON になったことを記憶する信号になり、その記憶を使ってランプを点灯することになります。

(3) スイッチを長押しすると消灯するプログラム

スイッチ SW_0 で点灯したランプを、スイッチ SW_1 を 2 秒間押したときに消灯するプログラムをつ

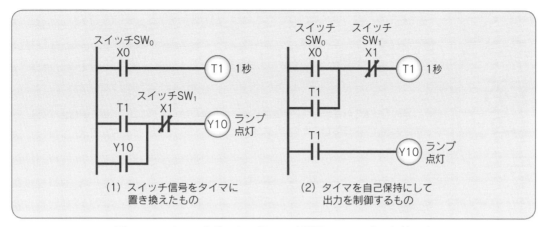

図1-6-3　タイマを使った2通りの時間遅れのある自己保持回路

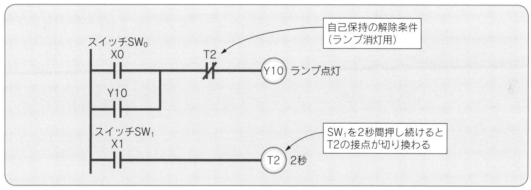

図1-6-4　スイッチ SW₁ の長押しで消灯するプログラム

くってみると**図1-6-4**のようになります。

　このプログラムではスイッチ SW₁ の信号（X1）をタイマ T2 に置き換えています。X1 が ON してから2秒後に T2 の接点が切り換わってランプが消灯します。

（4）ランプを消灯してから 10 秒間は ON できなくする

　消灯した後ですぐに点灯すると、劣化を早めたり破損するようなランプを使っている場合、消灯したら一定時間点灯できないようにプログラムします。消灯後、10 秒間は点灯できないようにするには**図1-6-5**のようなプログラムにします。

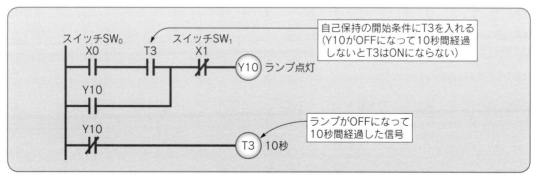

図1-6-5　消灯してから 10 秒間点灯できないプログラム

コンベヤ上のワークを取り出したときには時間をおいてからコンベヤを再起動させる

定石 1-7

コンベヤで送られてきたワークを取り出したときには、すぐにコンベヤを動作させず、時間をおいてから動かすようにします。

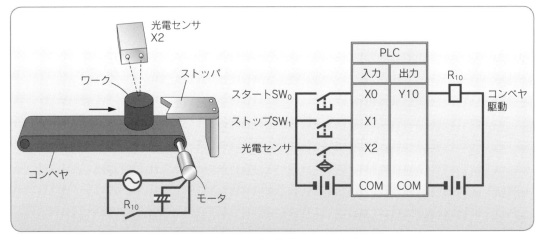

図 1-7-1　ワーク搬送装置と PLC 配線図

　図 1-7-1 は、コンベヤを使ってワークを搬送する装置です。コンベヤ先端のストッパにワークが密着するように光電センサ（X2）がワークを検出して 1 秒間経過してからコンベヤを停止させます。コンベヤ先端にきたワークは別のユニットで取り出しを行うので、ワークがなくなって 3 秒間経過してからコンベヤを再起動します。ワークがないという信号は光電センサの入力 X2 の b 接点を使います。

　この装置をタイマを使って制御するプログラムは図 1-7-2 のようになります。自動運転信号 M0 は、スタート SW$_0$ とストップ SW$_1$ でつくってあります。光電センサが OFF のときに、いきなりコンベヤが動き出さないようにするため、駆動を許可する自動運転信号 M0 がコンベヤ駆動の条件に①のように入っています。

　また、自動運転信号が OFF になってワークがないときには、すぐにコンベヤを停止するために②の回路が入っています。

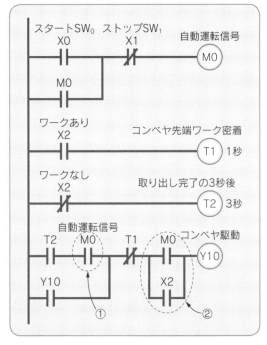

図 1-7-2　コンベヤによるワーク搬送プログラム

パルスになったリレーはパルス命令を実行した位置から1スキャンの間ONになる

パルス命令は、パルス命令を実行した位置から1スキャンの間だけリレーコイルがON になる命令です。パルス信号がON になっている1スキャンの間にリレーがどのように変化するかを考えてプログラミングします。

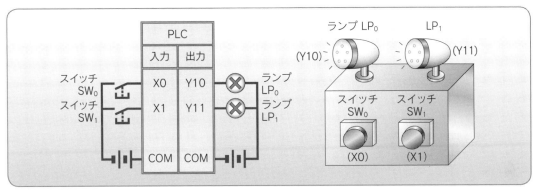

図1-8-1　スイッチとランプの配置とPLC 配線図

図1-8-1 の PLC 配線図で、スイッチ SW₀ を押したときに M1 をパルスにするには、図1-8-2 の (1) か (2) のプログラムを使います。いずれも、X0 が OFF から ON に変化した瞬間に M1 が ON になり、1スキャン後に M1 は OFF になります。

図1-8-3 のプログラムでは、スイッチ SW₀ を1回押したときに1行目のプログラムで X0 が ON になり、M1 がパルス信号になります。2行目を実行したときには M1 は ON ですが、Y11 は OFF なので、Y10 は ON になりません。3行目を実行すると M1 が ON

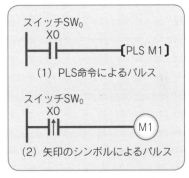

図1-8-2　M1 をパルスにする
プログラム

で、Y10 が OFF なので ［SET Y11］の命令が実行されて Y11 が ON になり、ランプ LP₁ が点灯します。次のスキャンでまた1行目を実行すると、M1 は1スキャンしか ON しないので、M1 は OFF になります。M1 が OFF なので2行目、3行目の状態は変化しません。次に、SW₀ を操作して X0 をいったん OFF にしてから再度 ON にすると、M1 は2回目のパルスになります。今度は Y11 が ON しているので Y10 が ON になります。Y11 は ON のまま変化しません。

このようにパルス命令は、パルス命令を実行した点から1スキャンの間、ON になる命令です。

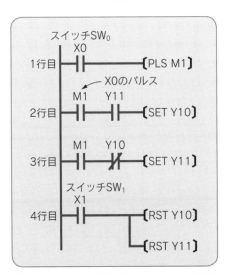

図1-8-3　パルス信号を使ったプログラム

リレーを組み合わせるとパルスができる

パルス命令はリレーコイルが1スキャンの間だけ ON になる命令です。パルス信号がどのように動作するのかを知るために、パルス命令を使わずにパルス信号をつくる方法について考えてみます。

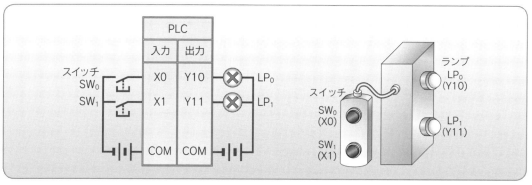

図 1-9-1　PLC 配線図とスイッチとランプの配置

（1）補助リレーを使ったパルス信号

　図 1-9-1 では、PLC にスイッチとランプが接続されています。
　この装置のスイッチ SW_0 を押したときに補助リレーM1 がパルスになるようにしたものが図 1-9-2 のプログラムです。
　SW_0 が押されて X0 が ON になると、1 行目の M1 が ON になります。続いて M2 も ON になりますが、この時点では1 行目のプログラムに影響しません。
　2 回目のスキャンで1 行目が再度実行されると、今度は M2 のコイルが ON になっているので M2 の b 接点は開いた状態になり、M1 は OFF になります。結局、X0 が OFF から ON に変化したときに M1 は 1 スキャンだけ ON するパルスになります。

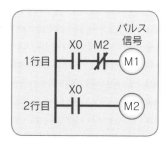

図 1-9-2　M1 をパルスにする

（2）自己保持回路を使ったパルス信号

　図 1-9-3 のプログラムでは、スイッチ SW_1（X1）を押して、1 行目の Y10 をいったん自己保持にしておきます。その状態でスイッチ SW_0 を押して X0 が ON になると、2 行目の M1 が ON になります。次のスキャンで再度1 行目が実行されると、M1 の b 接点が開いた状態になるので、Y10 の自己保持が解除されて、Y10 が OFF になります。続いて2 行目を実行すると M1 が OFF になります。
　すなわち、Y10 が自己保持になっているときに X0 が ON になると、M1 は 1 スキャンの間だけ ON になるパルス信号になります。

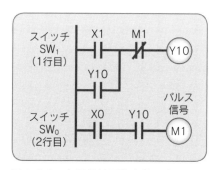

図 1-9-3　自己保持回路を使ったパルス

立下がりパルスをつくるには、いったんONしたことを自己保持回路に記憶する

スイッチ入力を立下がりパルスにすると、スイッチをいったん押して離したときにスイッチ入力信号が 1 スキャンだけ ON になります。このような立下がりパルス信号をリレー回路でつくってみます。

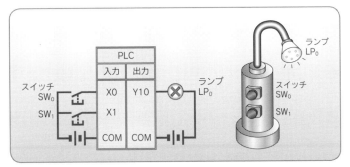

図 1-10-1　PLC 配線図と装置図

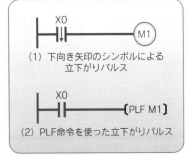

(1) 下向き矢印のシンボルによる立下がりパルス

(2) PLF命令を使った立下がりパルス

図 1-10-2　立下がりパルス命令

図 1-10-1 の装置のスイッチ SW_0 をいったん押して離すと、X0 が ON から OFF に変化します。そのときにパルス信号となる「立下がりパルス」は、図 1-10-2 のように記述します。

(1) 自己保持回路を使った立下がりパルス

スイッチ SW_0 を押して離したときに 1 スキャンだけリレーを ON にする立下がりパルスをつくるプログラムを考えてみます。SW_0 が押されると X0 が ON になるので、まず、X0 が ON になったことを記憶しておき、次に X0 が OFF になったときにパルスが出るようにプログラムします。

図 1-10-3 がそのプログラムで、X0 が ON になると 1 行目の M2 が自己保持になります。この時点では M1 は OFF のままです。

次にスイッチ SW_0 を離して X0 が OFF になると 2 行目の M1 が ON になります。次のスキャンで 1 行目が実行されると M2 は OFF になり、続いて M1 が OFF になります。

このようにして M1 は、X0 が ON から OFF に変化したときに 1 スキャンだけ ON になる立下がりパルスになります。この M1 は図 1-10-2 の立下がりパルス命令と同じ動作をします。

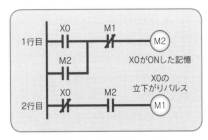

図 1-10-3　立下がりパルス

(2) 自己保持を使わない立下がりパルス

自己保持を使わないで立下がりパルスをつくるには図 1-10-4 のようにします。X0 が ON から OFF に変化したときに M1 が 1 スキャンだけ ON になるので、M1 が X0 の立下がりパルスになります。M1 と M2 の順序を逆にするとパルスになりません。

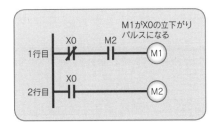

図 1-10-4　X0 の立下がりパルス

回転した回数を数えるときはカウンタを リセットするタイミングに注意する

定石 1-11

カウンタを使ってモータの出力軸が回転した回数を数えて決められた回数で停止させます。正しくカウントするためにはカウントする信号とリセットする信号のつくり方を理解しておくことが大切です。

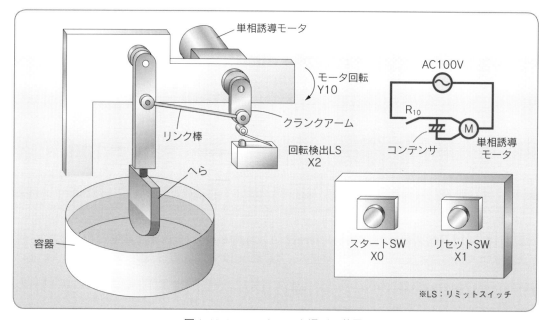

図 1-11-1　モータでかき混ぜる装置

（1）へらが往復する回数のカウント

図 1-11-1 は、容器の中の液体をへらを使ってかき混ぜる装置です。PLC の出力 Y10 を ON にすると単相誘導モータが回転してクランクアームを回します。クランクアームの先にはリンク棒がついていて、へらを往復運動させるようになっています。モータ出力軸の回転回数は回転検出 LS で検出します。

PLC の配線図は図 1-11-2 のようになっています。

（2）誤動作するプログラム

スタート SW（X0）が押されたら、モータを回転し、回転検出用 LS が 5 回 ON したら停止させるために図 1-11-3 のようなプログラムをつくってみました。

スタート SW（X0）を ON すると Y10 が ON になってモータが回転します。カウンタ C1 は回転検出 LS（X2）が ON す

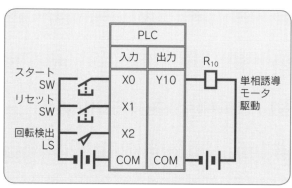

図 1-11-2　PLC 配線図

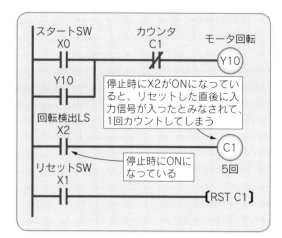

図1-11-3　カウンタで停止するプログラム（誤り）

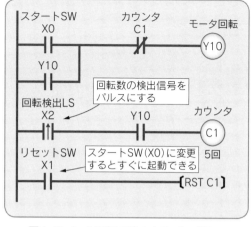

図1-11-4　5回転で停止するプログラム

るたびに1つカウント値が上がるので、カウント値が5になるとC1の接点が切り換わってY10の自己保持を解除し、モータが停止します。再度モータを回転するには、リセットSW（X1）でカウンタをリセットしてカウント値を0に戻します。

　ところがこの装置ではモータが停止しているときに、回転検出LS（X2）がONになっているので、リセットSWでカウント値を0にした後すぐに1回カウントされ、カウント値が1になってしまいます。このため4回転でモータが停止してしまいます。

（3）プログラムの修正

　そこで、カウンタの入力信号（X2）をパルスにして、リセットしたときには入力信号が入らないようにしたものが**図1-11-4**のプログラムです。このプログラムの場合、初期状態で、X2がONになっていると、PLCの電源を投入したときにX2のパルス信号がONになり、カウントされてしまうことがあります。この誤動作を避けるためにカウンタC1の手前にY10が入っています。

（4）カウンタをリセットするタイミングの修正

　図1-11-4のプログラムでは、再スタートのために必ずリセットSWを押す作業が必要になるので少しやっかいです。そこでスタートSWが押されたときにカウンタをリセットするのであれば、リセットSW（X1）の接点をスタートSW（X0）に変更します。この場合、スタートSWを長く押し続けると、カウンタの値が変化せずに回転したままになってしまうので、カウンタをリセットするX0はパルス信号にしておいた方がよいでしょう。

　X1をX0に変更しただけのプログラムでは回転中にスタートSWが押されるとカウント値がリセットされてしまい、その時点からカウントし直すので、モータが余分に回転することが考えられます。このような誤動作を避けるには、カウンタのカウント値が設定値になったときに、カウンタ自体の接点でリセットします。**図1-11-5**がそのプログラムで、カウンタC1のコイルの直前にC1でリセットするプログラムが入っています。

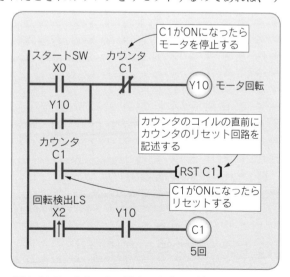

図1-11-5　カウンタの接点でカウント値をリセットする

回転テーブルの穴位置を数えて停止する にはカウンタと位置決め完了信号を使う

光電センサで貫通している穴の位置を検出するには、センサの設定を Light ON（ライト・オン）にしておくとプログラムがわかりやすくなります。Light ON は透過型センサの場合、光を受光したときにセンサ出力の a 接点が閉じる動作をするものです。

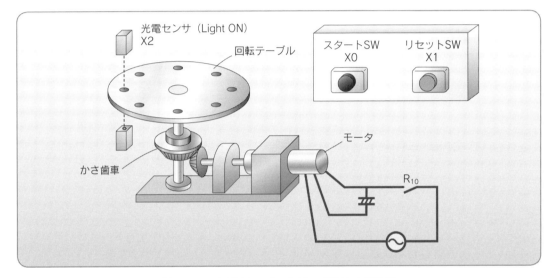

図 1-12-1　回転テーブルをピッチ送りする装置

（1）装置の概要

　図 1-12-1 は、モータで駆動している回転テーブルの周囲に等間隔で位置決め用の穴を開けたもので、透過型光電センサで穴位置を検出してテーブルをピッチ送りする装置です。透過型光電センサは Light ON に設定して、穴の位置で光電センサ出力の接点が閉じるようになっています。

　図 1-12-2 は PLC の配線図で、X2 に光電センサの a 接点

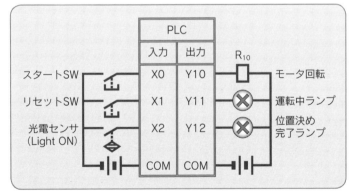

図 1-12-2　PLC 配線図

が配線されているのがわかります。テーブルを回転するには出力リレーの Y10 を ON にします。

（2）1 ピッチずつ送るプログラム

　スタート SW（X0）を押したら、モータ（Y10）を駆動して回転テーブルを回し、次の穴を光電センサ（X2）で検出したら停止するプログラムは図 1-12-3 のようにします。

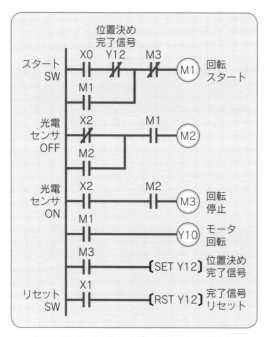

図 1-12-3　1 ピッチずつ送るプログラム

スタート SW（X0）が押されたままに
なっても確実に停止するように、1 行目
の M1 の自己保持の開始条件に位置決め
完了信号（Y12）の b 接点を入れてあり
ます。位置決め完了信号はリセット SW
（X1）でリセットします。

（3）指定したピッチ数を送るプロ
グラム

　カウンタを使い、カウンタに設定した
数だけピッチ送りをして停止するように
プログラムしたものが図 1-12-4 です。
スタート SW（X0）を押すと、M1 が ON
になってモータが回転します。光電セン
サが OFF から ON に変化して、M3 のリ
レーが ON になったときがテーブルが 1
ピッチ送られた信号になります。

　M3 の b 接点で M2 を OFF にすると、次
の回転が開始します。M3 が ON になる回
数をカウントすれば、送られたピッチ数
がわかります。そこで、カウンタ C1 の
設定値を 3 にして、M3 が ON になった回
数をカウントして、C1 の現在値が 3 にな

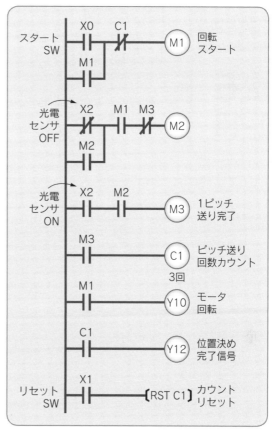

図 1-12-4　3 ピッチ送るプログラム

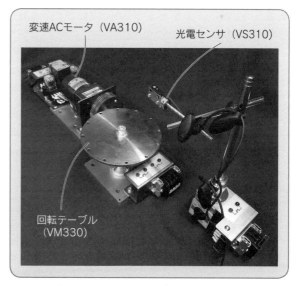

写真 1-12-1　回転テーブルの位置決め装置

ったところで、M1 の自己保持を解除してモータを停止しています。
　写真 1-12-1 は、実験に使用した回転テーブルの位置決め装置です。

押しボタンスイッチの短押しでランプを点灯し、長押しで消灯するにはパルスとタイマを利用する

押しボタンスイッチでランプの点灯と消灯を行うには自己保持回路を使います。1つの
スイッチを短時間押したときにランプが点灯し、そのまま長押しすると消灯するような
プログラムを考えてみます。

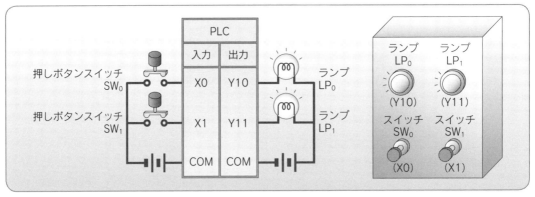

図 1-13-1　2つのスイッチと2つのランプ

図 1-13-1 のように押しボタンスイッチとランプがPLCに接続されているとき、スイッチ SW_0 を使ってランプ LP_0 の ON /OFF を制御してみます。

(1) 長押ししたら点灯しない

SW_0 を短押ししたらランプLP_0が点灯するが、長押ししたら点灯しないようにするには、X0 の立下がりパルスとタイマ T1 を使って図 1-13-2 のようなプログラムにします。このプログラムでは2秒以内にスイッチを離せば点灯しますが、2秒以上長押しするとまったく点灯しません。

(2) 長押ししたら消灯する

SW_0 を押したときにいったん点灯して、そのままSW_0を長押しすると消灯するには図 1-13-3 のようにプログラムします。

X0 のパルス信号で Y10 を自己保持にして LP_0 を点灯します。その後2秒間押し続けると、タイマ T1 の b 接点が開いて自己保持を解除します。

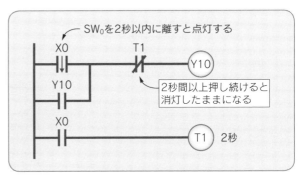

図 1-13-2　長押しすると点灯しないプログラム

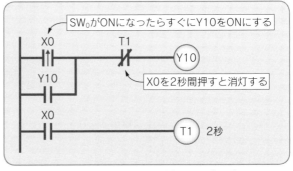

図 1-13-3　長押しすると消灯するプログラム

第2章

自己保持回路を使った制御プログラム

自己保持回路を使うと、出力のON/OFFを決められたタイミングで切り換えて、機械の動作を制御できます。出力を切り換えるタイミング信号をつくって、自己保持回路で機械を制御するプログラムのつくり方を考えてみます。

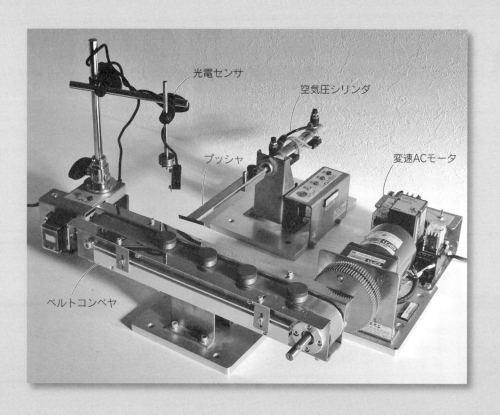

光電センサ

空気圧シリンダ

プッシャ

変速ACモータ

ベルトコンベヤ

単純な装置は出力リレーをON/OFFする
条件をつくって自己保持回路で制御する

制御したい出力リレーを自己保持にして、入力リレーやタイマを使って自己保持の開始
条件と解除条件の信号をつくれば比較的単純な装置を簡単に制御することができます。

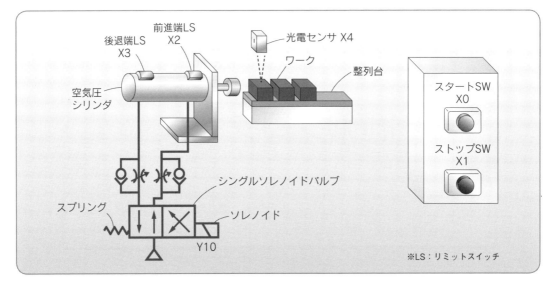

図 2-1-1　装置図

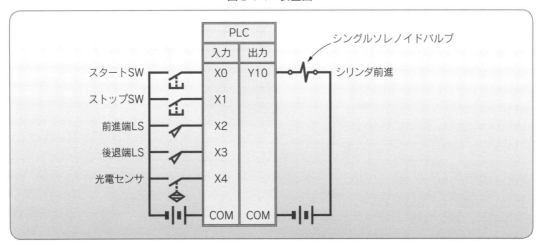

図 2-1-2　PLC 配線図

　図 2-1-1 は、光電センサでワークを検出してから 5 秒後に空気圧シリンダが 1 往復し、ワークを
送り込んで整列台に並べる装置です。空気圧シリンダが前進端に到着してから安定するまで 2 秒ほ
ど待ってから後退します。PLC の配線は図 2-1-2 のようになっています。
　この装置を制御するのにもっとも簡単な考え方は、出力 Y10 に着目して Y10 を ON にする条件と

OFF にする条件をつくり、Y10 の ON/OFF をその条件で切り換えるようにすることです。

　自動スタート信号を M0 とすると M0 のプログラムは**図 2-1-3** の［1］のようになります。

　この自動スタート信号が入っていて、シリンダが後退端にいるときに光電センサが 5 秒間 ON したことを検出する信号をつくると、タイマ T1 を使って［2］のようになります。［2］のプログラムに後退端信号を入れてあるのは、シリンダが前進したときに光電センサがシリンダ自体に反応して誤動作する場合があるからです。

　シリンダが前進し、前進端 LS が入ってから 2 秒間経過した信号は、タイマ T2 を使って［3］のようになります。

　シリンダの出力 Y10 を［2］の T1 で ON にして、［3］の T2 で OFF にすればワークを送り込むことができます。そこで、出力のプログラムは、T1 を Y10 の自己保持の開始条件、T2 を自己保持の解除条件として［4］のようになります。

　このプログラムを実行するとスタート SW を押してからワークをセンサの位置に置くと、5 秒後にシリンダが前進してワークを送り出し、前進端で 2 秒間待ってから後退します。自動スタート信号が ON の間、この動作を繰り返します。

　写真 2-1-1 は、シリンダによってワークを送り込む装置の構成例です。

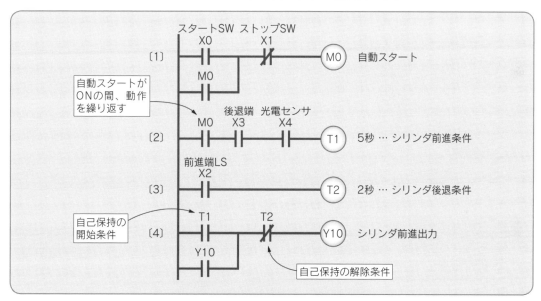

図 2-1-3　往復動作プログラム

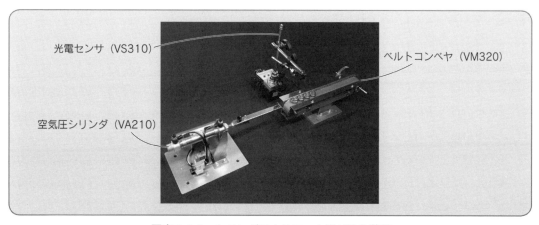

写真 2-1-1　シリンダによるワーク送り込み装置

ピック&プレイスユニットを自己保持回路型で制御するにはタイミングチャートをつくる

出力リレーの ON/OFF を切り換えるタイミング信号をタイミングチャートからつくって、自己保持を使った制御プログラムにする方法を紹介します。具体例としてピック&プレイスユニットの出力リレーを自己保持回路にして制御する自己保持型のプログラムをつくってみます。

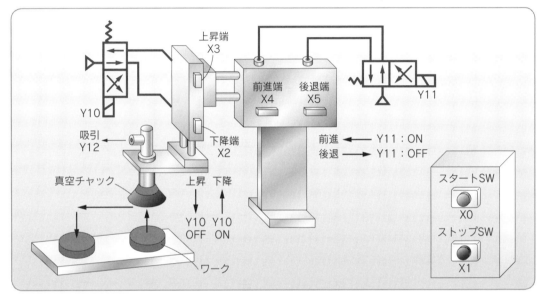

図 2-2-1　空気圧式ピック&プレイスユニット

（1）装置の構造

　図 2-2-1 は、空気圧シリンダでつくったピック&プレイスユニットです。真空チャックを下降してワークを拾い上げて前に移動し、下降したところでチャックの吸引を停止、上昇してから後退します。PLC の配線は図 2-2-2 のようになっていて、図 2-2-3 の動作順序でワークを移動します。

　写真 2-2-1 は、実験に使用した空気圧式のピック&プレイスユニットです。横方向に複動型の空気圧シリンダを使い、スライドテーブルを動かしています。スライドテーブル上に装着している Z 軸に移動するユニットはツインロッドの空気圧シリンダを使っていて、先端に真空チャックがついています。上下移動（Y10）、前後移動（Y12）、真空チャック（Y12）はそれぞれシングル

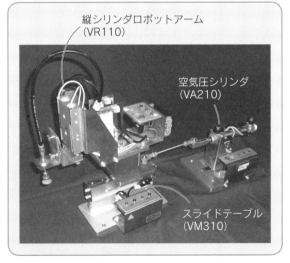

写真 2-2-1　空気圧式ピック&プレイスユニット（MM3000 シリーズ）

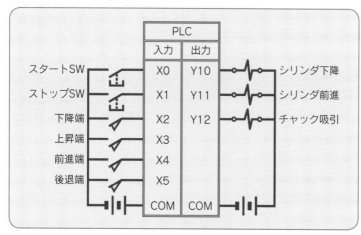

図 2-2-2　PLC 配線図

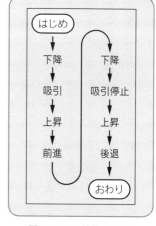

図 2-2-3　動作順序図

ソレノイドバルブで駆動しています。

(2) ピック＆プレイスのタイミングチャート

　このユニットを動かすプログラムをつくるとすると、制御する出力は Y10、Y11、Y12 の 3 つで、この出力をタイミングよく切り換えれば、ピック＆プレイスの動きをつくり出せます。動作順序図から、この 3 つの出力の動作タイミングを書いてみると**図 2-2-4** のようになり、①から順に⑦まで動作します。

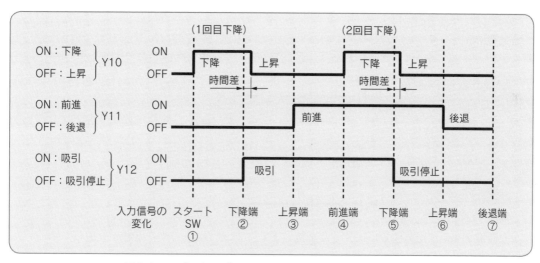

図 2-2-4　ピック＆プレイスユニットのタイミングチャート

(3) 出力リレーの自己保持回路の開始条件と解除条件

　①〜⑦の動作でワークを移動する 1 サイクルになります。

　出力リレーの変化を見てみると、1 サイクルの中で下降出力の Y10 が 2 度 ON/OFF をして、前進出力の Y11 と吸引出力の Y12 は 1 度だけ ON/OFF することがわかります。

　そこで、この 3 つの出力の自己保持の開始条件と解除条件をつくってみます。

　①の条件（1 回目の下降）

　チャックが下降する条件は、スタート信号が入ったとき（X0：ON）に後退端にいて（X5：ON）、

上昇端で（X3：ON）ワークをもっていないとき（Y12：OFF）になります。この条件をつくってM1の補助リレーに置き換えます。M1がONしたらY10をONにしてチャックを下降します。

1回目の下降条件
M1 → Y10：ON

```
     X0   X5   X3   Y12
    ─┤├──┤├──┤├──┤/├──( M1 )        …[1]
```

②の条件（吸引と上昇）
　真空チャックの吸引を開始する条件は、後退端にいて（X5：ON）、下降端信号が入ったとき（X2：ON）になります。この条件をM2の補助リレーに置き換えます。M2がONのときY12をONにして吸引を開始します。

吸引開始条件
M2 → Y12：ON

```
     X5   X2
    ─┤├──┤├──────────( M2 )        …[2]
```

　吸引を開始してから少し時間を置いて上昇するならばタイマを使います。M2がONしてから1秒経過した信号をT2として、T2がONしたらY10をOFFにして上昇を開始します。

1回目の上昇条件
T2 → Y10：OFF

```
     M2
    ─┤├──────────────( T2 )        …[3]
                        1秒
```

③の条件（前進）
　後退端で（X5：ON）、上昇したとき（X3：ON）にワークをもっていれば（Y12：ON）前進します。その条件をM3に記述します。M3がONになったらY11をONにして前進します。

前進条件
M3 → Y11：ON

```
     X5   X3   Y12
    ─┤├──┤├──┤├───────( M3 )        …[4]
```

④の条件（2回目の下降）
　前進端にきたとき（X4：ON）上昇端にいて（X3：ON）、ワークをもっていれば（Y12：ON）下降します。この条件をM4に記述します。M4がONになったらY10をONにして2回目の下降をします。

2回目の下降条件
M4 → Y10：ON

```
     X4   X3   Y12
    ─┤├──┤├──┤├───────( M4 )        …[5]
```

⑤の条件（吸引停止と上昇）
　前進端にいて（X4：ON）、下降端にきたら（X2：ON）吸引を停止します。その条件をリレーM5に記述します。M5がONしたら吸引出力Y12をOFFにします。

吸引停止条件
M5 → Y12：OFF

```
     X4   X2
    ─┤├──┤├──────────( M5 )        …[6]
```

　少し時間をおいて上昇するにはタイマを使います。M5がONしてから2秒が経過してT5がONになったらY10をOFFにして上昇します。

2回目の上昇条件
T5 → Y10：OFF

```
     M5
    ─┤├──────────────( T5 )        …[7]
                        2秒
```

⑥の条件（後退）
　前進端にいて（X4：ON）、上昇端にきたとき（X3：ON）、ワークをもっていなければ（Y12：OFF）後退します。その条件をリレーM6に記述します。M6がONになったらY11をOFFにして後退します。

後退条件
M6 → Y11：OFF

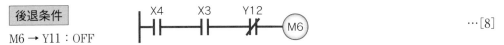

```
     X4   X3   Y12
    ─┤├──┤├──┤/├──────( M6 )        …[8]
```

⑦の条件（サイクル終了）

後退端に戻ったとき（X5：ON）に、上昇端にいて（X3：ON）、ワークをもっていなければ（Y12：OFF）1サイクル終了です。終了の条件をM7に記述します。終了時にスタートスイッチが押されていないこと（X0：OFF）を確認しておくとよいでしょう。

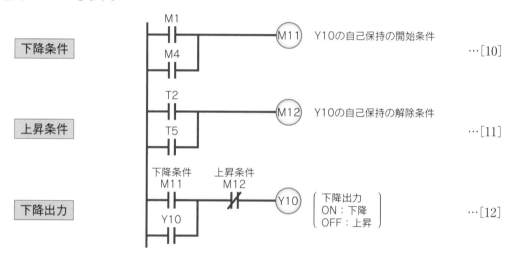

（4）下降出力（Y10）の自己保持回路

このようにしてつくられた各条件を使って出力をON/OFFする自己保持回路をつくります。下降出力Y10はM1とM4で下降してT2とT5で上昇します。M1とM4をまとめてM11として、T2とT5をまとめてM12とすると、Y11はM11でONになり、M12でOFFになるので、次のように条件を書くことができます。

（5）前進出力（Y11）の自己保持回路

前進出力はM3が開始条件でM6が解除条件になるので次のようになります。

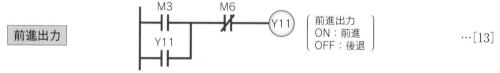

（6）吸引出力（Y12）の自己保持回路

真空チャックの吸引出力はM2で吸引を開始してM5で停止するので次のようになります。

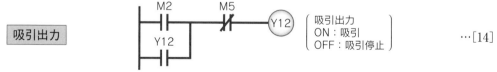

[1]から[14]までのプログラムを続けて1つのプログラムにすると、図2-2-1のピック＆プレイスユニットを動作させることができます。

この例のように、出力リレーの自己保持の開始条件と解除条件をつくって順序制御をする方法を「自己保持型」と呼んでいます。

自己保持回路を使うと制御に動作順序をつけられる

自己保持回路は、自己保持の開始条件になっている信号が ON になったことを記憶する回路と考えることができます。複数の自己保持回路があるときに、自己保持になるリレーの順序をつけて制御することができます。

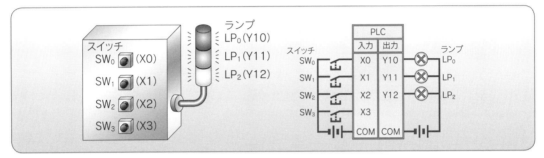

図 2-3-1　ランプとスイッチの装置

図 2-3-1 は、PLC にスイッチとランプを配置した装置です。自己保持回路を使ってこのランプを順番に点灯するプログラムをつくってみます。2 つ以上の自己保持回路がある場合、自己保持になる順序を決めることができます。

自己保持回路に順序をつける方法の 1 つ目は、自己保持の開始条件に 1 つ前のリレーの接点を入れる方法です。

図 2-3-2 がそのプログラムで、必ず M1 → M2 → M3 の順に自己保持になっていきます。SW3 (X3) が押されるとすべての自己保持が解除されます。

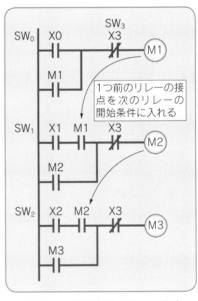

図 2-3-2　開始条件を使った順序

2 つ目の方法は、2 番目以降の自己保持の生存条件として、1 つ前のリレーを使う方法です。「生存条件」とは、そのリレーが ON になっていないと自己保持が成立しないような条件をさしています。図 2-3-3 のように、1 つ前のリレーの a 接点を次のリレーの生存条件に使うと、M1 → M2 → M3 の順に自己保持になっていきます。M1 は M2 の生存条件になっているので、M1 が ON になっていないと M2 は ON できません。また、スイッチ SW3 (X3) を押して M1 の自己保持を解除すると、M2 の生存条件が OFF になるので、M2 の自己保持が解除され、続いて M3 の自己保持も解除されます。

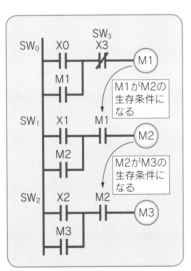

図 2-3-3　生存条件を使った順序

第3章

パルスを使った制御プログラム

パルス命令を使うと、センサの位置にワークが到着した瞬間の信号や、リミットスイッチが OFF から ON に変化したときの信号などの制御に利用できるタイミング信号を簡単につくることができます。ここではパルス命令を利用して装置を制御する方法を紹介します。

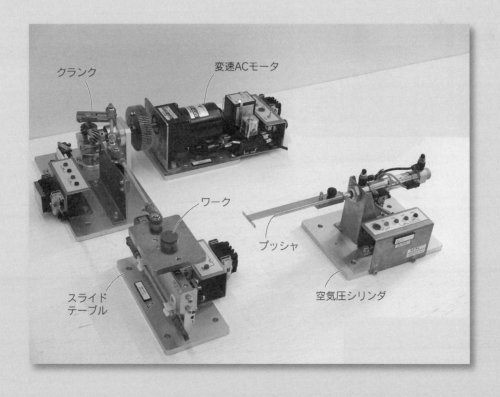

パルス命令を使うと1つのスイッチで ランプの ON/OFF を切り換えられる

パルス信号を使い、モメンタリスイッチを1回押すたびにランプの点灯と消灯を繰り返すプログラムをつくってみます。

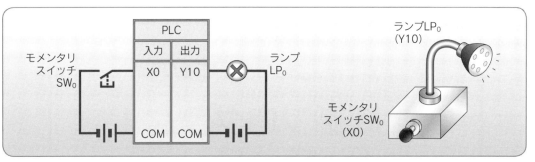

図 3-1-1　PLC の配線図とスイッチとランプの装置

（1）ランプの ON/OFF を調べる信号を使う

図 3-1-1 のように、PLC の入力 X0 にモメンタリスイッチ SW_0 が接続されていて、出力 Y10 にランプ LP_0 が接続されているものとします。

1つのスイッチで ON/OFF を切り換えるにはスイッチが押されたときの信号をパルスにして、スイッチが押された瞬間にランプが点灯しているか消灯しているかを判断してから、出力を切り換えます。

図 3-1-2 はそのプログラムで、X0 のパルス信号を M0 として、M0 が ON したときにランプ LP_0（Y10）が OFF ならば M1 が ON になります。そのときに Y10 が ON ならば M2 が ON になります。M1 と M2 もパルスになるので、このパルス信号でランプ出力を切り換えます。ランプ LP_0（Y10）をセット・リセット命令で ON/OFF にするなら図 3-1-3 のようにします。

図 3-1-2 と図 3-1-3 を1つにまとめると、スイッチを押すたびに順番に点灯と消灯をするプログラムになります。

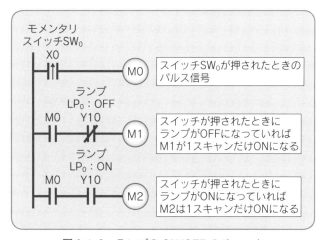

図 3-1-2　ランプの ON/OFF のチェック

図 3-1-3　セット・リセット命令によるランプの点灯と消灯

（2）ランプ出力の自己保持回路を使ったプログラム

図 3-1-4 の自己保持回路を使ったプログラムでも、X0 の SW_0 を押すたびにランプ LP_0 が ON/OFF します。

初期状態でランプは消灯しているものとします。M1 はスイッチ SW_0（X0）のパルス信号ですから、M1 はパルス命令を実行した時点から 1 スキャンだけ ON になります。

M1 のパルスが ON になったときに、M2 は OFF なので Y10 が自己保持になり、ランプが点灯します。再度 M1 のパルスが ON になると、今度は M2 が ON になり、Y10 の自己保持を解除するのでランプは消灯します。

（3）図 3-1-4 のプログラムの変形

図 3-1-4 のプログラムの M2 の b 接点は、M1 と Y10 の AND 接続の否定なので、M1 の b 接点と Y10 の b 接点の OR 接続に置き換えられます。すると図 3-1-4 は図 3-1-5 のように変形できます。

この真理値表は図 3-1-6 のようになります。

SW_0 を 1 回押したときには Y10 の b 接点が閉じているので、Y10 が自己保持になります。SW_0 が再度押されて、M1 が 2 度目のパルスになると、今度は Y10 が ON になっている状態で M1 の b 接点が開くので、Y10 の自己保持は解除され、ランプは消灯します。

（4）1 つのスイッチによる簡単なランプの ON/OFF プログラム

もう少しプログラムを簡単にするには図 3-1-7 のようにします。このプログラムでもスイッチ SW_0 を 1 回押すたびに、ランプ LP_0 の ON/OFF が切り換わります。

最初の M1 のパルスのときに Y10 の b 接点は閉じているので、Y10 のコイルが自己保持になります。次の M1 のパルスでは、Y10 の b 接点が開いているので自己保持が解除されます。

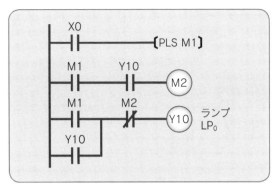

図 3-1-4　自己保持回路を使ったプログラム

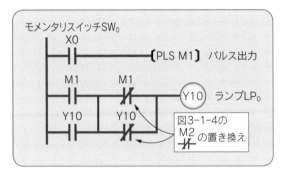

図 3-1-5　図 3-1-4 を変形したプログラム

M1	Y10	M1 Y10 M2	M2	M1	Y10	M1 Y10
×	×	×	○	○	○	○
×	○	×	○	○	×	○
○	×	×	○	×	○	○
○	○	○	×	×	×	×

図 3-1-6　真理値表

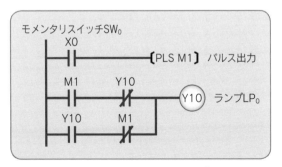

図 3-1-7　1 つのスイッチによるランプの ON/OFF

メカニズムの運動方向を検出するにはパルスを使う

入力信号をパルスにするとその信号をつくり出しているメカニズムの運動の方向がわかります。操作スイッチ、センサ、リミットスイッチのパルス信号が持つ意味と使い方について考えてみます。

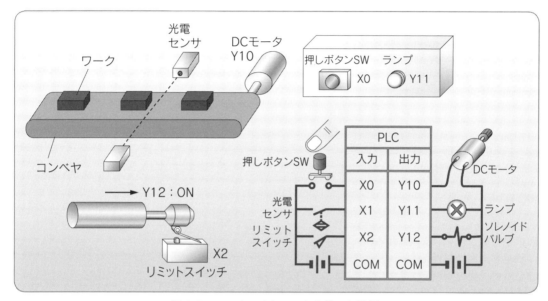

図 3-2-1　スイッチとモータを使った装置

（1）押しボタンスイッチのパルス

　図 3-2-1 の装置の PLC の入力に押しボタン SW と光電センサとリミットスイッチ、出力にはモータとランプとソレノイドバルブが配線されているものとします。

　押しボタン SW を押し下げると X0 が OFF から ON に変化するので、X0 のパルスは押しボタン SW を押し下げたときの信号になります。そこで、**図 3-2-2** は押しボタンを押し下げるとモータが回転するプログラムになります。

　いったんスイッチを押して離すと、X0 は ON から OFF に変化します。そこで、X0 の立下がりパルスは押しボタン SW を離したときの信号になります。**図 3-2-3** のように X0 の立下がりパルスで

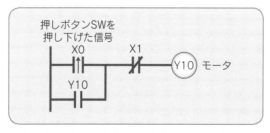

図 3-2-2　押しボタンを押したときに DC モータが回る

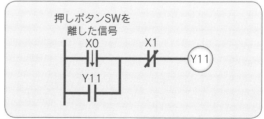

図 3-2-3　押しボタンを押して離すとランプが点灯する

Y11 を自己保持にすると、押しボタンを離したときにランプが点灯します。

押しボタン SW を押す指の動きを考えると、X0 のパルスが出たということは、指が上から下に移動したことを意味します。X0 の立下りパルスは指が下から上に移動したことを表しているので、このパルス信号を見ると、指がどちらの方向に運動したのかがわかります。

(2) ワーク検出センサのパルス

コンベヤ上のワークを光電センサ X1 で検出する場合、ワークがセンサ（X1）のところに到着すると、センサ出力が OFF から ON に変化するので、X1 のパルスはワークの到着信号になります。さらにコンベヤが動いてワークがセンサの検出範囲を外れると、センサの出力は ON から OFF に変化します。このときに出る立下がりパルスの信号は、ワークがセンサ位置を通過した信号になります。

コンベヤを動かしてワークが到着したところで止めるのであれば、センサ X1 のパルスを使ってコンベヤを停止すればよいので、**図 3-2-4** のようにプログラムします。コンベヤを動かしておき、センサの位置を通過したときにコンベヤを停止するのであれば、**図 3-2-5** のように X1 の立下がりパルスを使います。

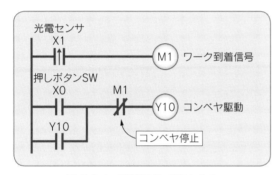

図 3-2-4　到着信号で停止する　　　　　図 3-2-5　通過信号で停止する

コンベヤで送られてくるワークを検出するセンサのパルス信号は、センサに向かってワークが移動してきたことを意味しており、センサの立下がりパルスはセンサからワークが離れていった信号になります。このようにセンサのパルス信号を使うとワークの運動方向がわかります。

(3) リミットスイッチのパルス

シリンダの後退端位置を検出するリミットスイッチ（X2）の場合、Y12 を ON にしてシリンダが前進すると X2 は ON から OFF に切り換わるので立下がりパルス信号が出ます。また、前進した状態から後退して戻ってくると、戻り端で X2 の立上がりパルス信号が出ます。この信号は**図 3-2-6** のように、シリンダが前進を開始したときの信号や、いったん前進して戻ってきた信号として利用できます。

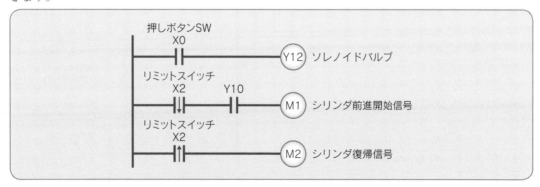

図 3-2-6　リミットスイッチのパルス信号

1つの押しボタンスイッチで品種を切り換えるにはパルスを使う

品種選択スイッチを1回押すごとに品種1〜品種4の切り換えを行うには、スイッチの
パルス信号を使います。品種の設定と解除はセット・リセット命令を使います。

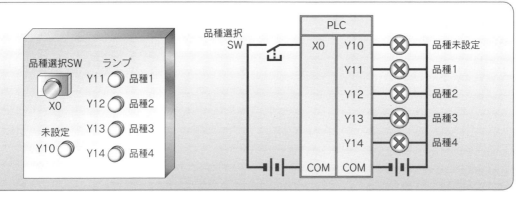

図-3-3-1　品種1〜4の切り換え用の操作パネルとPLC配線図

1つのスイッチで複数の品種を切り換える

1つのスイッチで複数の品種の切り換えを行うにはスイッチが押された信号をパルスにします。そのパルスがONになっている1スキャン内で品種を選択している信号を切り換えます。

図3-3-1は品種1〜4の切り換え用の操作パネルです。切り換わった品種のランプを点灯するようにします。

図3-3-2は、品種1〜品種4の選択をするプログラムです。品種選択SW（X0）を押すと、補助リレーM1がパルスになって、Y11〜Y14のいずれの出力もONしていなければY10がONになり、品種未設定のランプが点灯します。Y10がONのときにM1のパルス信号が入るとY11がセットされるので、品種未設定ランプが消灯して品種1のランプが点灯します。

同様にして、M1のパルス信号が入るたびにY10 → Y11 → Y12 → Y13 → Y14と順番にランプが点灯します。

プログラムに書かれている順序を変更すると、うまく順番に切り換わらないので注意が必要です。

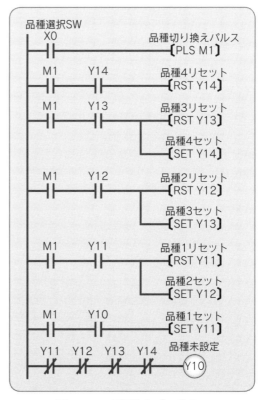

図3-3-2　品種設定プログラム

クランクの1回転停止はリミットスイッチのパルス信号を使う

クランクはモータなどの回転運動を直動の往復運動に運動変換します。クランクの出力を1往復するにはクランクを1回転させて停止します。クランクの回転シャフトにつけたリミットスイッチを使ってクランクが1回転で停止するプログラムをつくってみます。

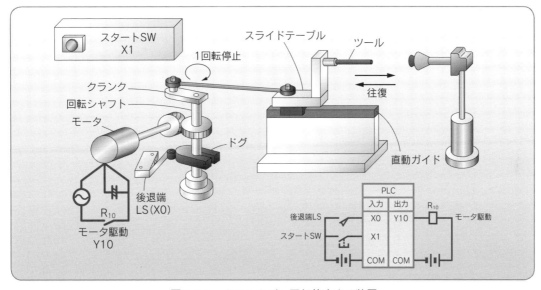

図 3-4-1　クランクが1回転停止する装置

　図 3-4-1 は、クランクを使って直動ガイドされている先端のツールを往復させる装置で、**写真 3-4-1** のような構成になっています。スタート SW（X1）を押すとモータが起動し、クランクを1回転させてドグが後退端 LS に当たったところで停止します。クランクが1回転するとき、後退端 LS の信号 X0 は ON → OFF → ON と変化するので、OFF から ON に変わったときが1回転を完了した信号になります。この信号は X0 のパルスになるので、クランクの1回転停止のプログラムは**図 3-4-2** のようになります。

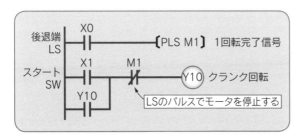

図 3-4-2　クランクの1回転停止プログラム

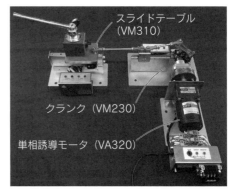

写真 3-4-1　クランクのモータ駆動装置

パルスでつくったタイミング信号を使うと装置の制御プログラムをつくることができる

センサやリミットスイッチなどの入力をパルスにした信号は、制御出力を切り換えるタイミング信号として利用できます。出力を直接 ON/OFF するセット・リセット命令とパルス信号を組み合わせて、装置の制御プログラムをつくる方法を考えてみましょう。

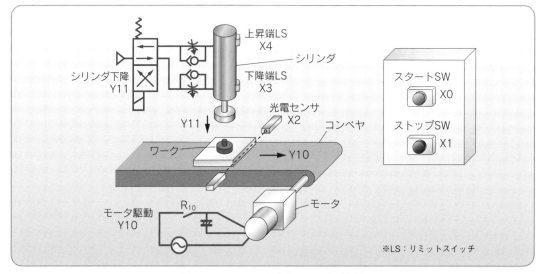

図 3-5-1　コンベヤとシリンダの装置

（1）装置の構成と動作順序

　図 3-5-1 は、コンベヤで送られてきたワークの上面にある突起をシリンダで押し込んでから次に送る装置です。**写真 3-5-1** は、パレット搬送コンベヤに上下シリンダをつけ、てこの装置

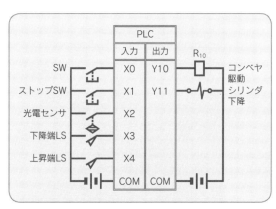

図 3-5-2　PLC 配線図

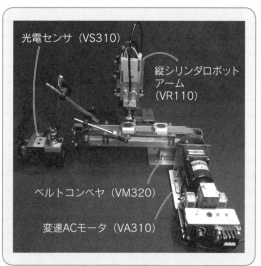

写真 3-5-1　パレットコンベヤと上下シリンダ

を構成したもので、PLC の配線は**図 3-5-2** のようになっています。

　動作順序はコンベヤを駆動して光電センサがワークを感知したらコンベヤを停止し、シリンダを上下に 1 往復して、上昇端に達したところでコンベヤを再起動してワークを次に送ります。この装置をパルス信号を使って制御してみます。

(2) 入力信号のパルスの意味

　装置全体のプログラムをつくる前に、この装置に使われている入力信号と、その入力信号をパルスにしたときの意味を考えてみます。

　ベルトコンベヤでワークを送り、光電センサでワークを検出する部分を抜き出してみると**図 3-5-3**のようになっています。

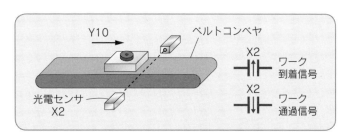

図 3-5-3　ベルトコンベヤ部

　ベルトコンベヤを駆動して光電センサが OFF から ON に変化したときがワークの到着信号になります。すなわち X2 の立上がりパルスが到着信号になります。ワークがセンサを通過したときの信号は、センサ X2 が ON から OFF に変化したときですから、X2 の立下がりパルスになります。

　次に**図 3-5-4** を使って、シリン

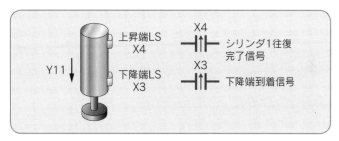

図 3-5-4　シリンダ部の動作と信号の変化

ダの LS の入力とそのパルス信号について考えてみます。シリンダの下降端 LS（X3）の立上がりパルスは、シリンダが下降端に到着したときの信号になります。シリンダの上昇端 LS（X4）の立上がりパルスは X4 が OFF から ON に変化したときの信号ですから、下降していたシリンダが上昇してきて、上昇端に達したときの信号になります。そこで、この信号はシリンダが 1 往復を完了した信号と考えることができます。

(3) パルス制御型のプログラム

　上記で説明した X2、X3、X4 のパルス信号を使い、装置を順序制御するプログラムをつくってみると**図 3-5-5** のようになります。

　このプログラムを実行すると、スタート SW でコンベヤが駆動し、ワークが到着したらコンベヤが停止してシリンダが下降します。シリンダが 1 往復して上昇端に戻ったら再度コンベヤを駆動して、ワークが光電センサの位置を通過したところでコンベヤを停止して終了します。

　このようなパルスを使って制御する方式を「パルス制御型」と呼んでいます。

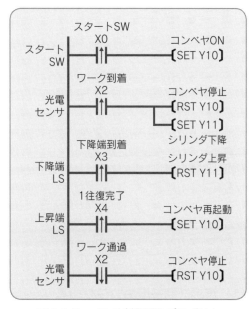

図 3-5-5　パルス制御型のプログラム

パルス制御型のプログラムで時間遅れをつくるにはリミットスイッチの信号をタイマで置き換える

定石 3-6

装置を簡単に動かすにはパルス制御型のプログラムが便利です。パルス制御型で時間待ちをつくるには入力信号にタイマをつけてタイマの信号をパルスにしてプログラムするとうまくいきます。

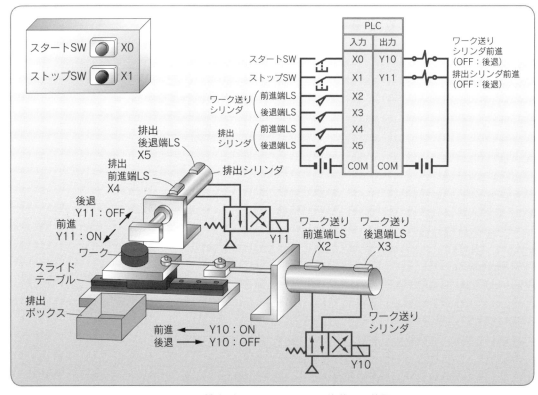

図 3-6-1　排出ボックスにワークを移動する装置

　図 3-6-1 は、ワーク送りシリンダでスライドテーブルに載せたワークを移動して、排出シリンダでワークを押し出して排出ボックスに移動する装置です。実際の構成は写真 3-6-1 のようになっています。この装置の入力信号をパルスにすると装置の状態が変化した瞬間をとらえることができます。その状態が変化した信号を使って出力を切り換えるようにすると、パルス制御型のプログラムができます。

(1) パルス制御型のプログラム

　スタート SW（X0）のパルスは、スタート SW が押さ

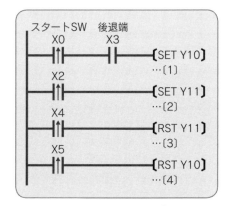

図 3-6-2　パルス制御型のプログラム

れた瞬間に1スキャンだけONになる信号になります。

スタートSWが押されたときにワーク送りシリンダが後退端にあれば、Y10をONにしてワーク送りシリンダを前進します。このプログラムは図3-6-2の[1]のように書くことができます。

次にワーク送りシリンダが前進端に到着したら、Y11をONにして排出シリンダを前進します。

ワーク送りシリンダの前進端LSの信号（X2）のパルスは、シリンダが前椎端に到着したときのタイミング信号になりますから、X2のパルスでY11をセットします。このプログラムは同図[2]のようになります。

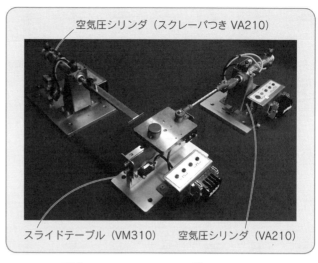

写真 3-6-1　ワーク送りと排出ユニット

排出シリンダの前進端（X4）がONになったら、Y11をOFFにして排出シリンダを後退します。これはX4のパルスでY11をリセットすればよいので、同図[3]のようになります。

排出シリンダが後退端に戻った信号はX5のパルスになるので、同図[4]のようにX5のパルスでワーク送りシリンダの前進出力Y10をリセットします。

図3-6-2のプログラムを実行すれば、ワーク送りシリンダ前進→排出シリンダ前進→排出シリンダ後退→ワーク送りシリンダ後退の順に装置が動作します。

(2) 待ち時間のあるパルス制御型プログラム

シリンダのストロークの終端で待ち時間をおくには、リミットスイッチの接点信号をタイマに置き換えて、そのタイマの立上がりパルスで出力をON/OFFするようにします。

2つのシリンダの前進・後退のタイミングを1秒ずつ遅らせるようにしたプログラムは図3-6-3のようになります。

たとえばこの中のタイマT2は、ワーク送りシリンダの前進端の信号（X2）を延長したものです。このT2のパルスで排出シリンダの前進出力（Y11）をセットしています。したがって、ワーク送りシリンダの前進端に到着してからタイマの時間をおき、排出シリンダが前進するようになっています。

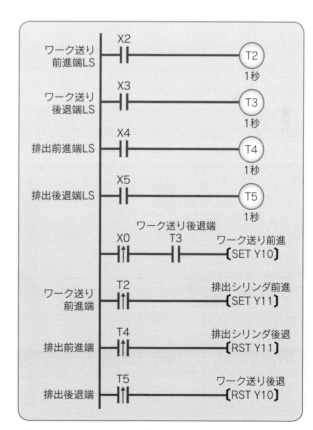

図 3-6-3　ストローク終端で時間待ちをするプログラム

パルス制御型を使うと簡単にピック&プレイスユニットの制御プログラムができる

2本の空気圧シリンダを組み合わせたX-Z方向に動作する装置を、ピック&リムーバの動作とピック&プレイスの動作の順序になるように、パルスを使った制御プログラムをつくってみましょう

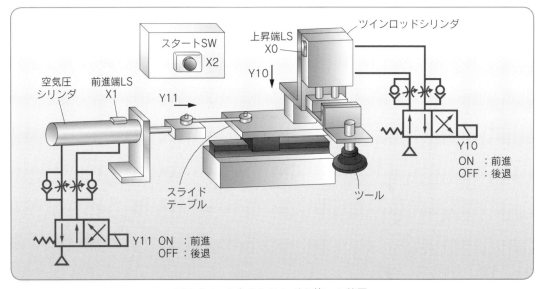

図 3-7-1　2本のシリンダを使った装置

図 3-7-1 は、2本の空気圧シリンダを組み合わせて先端のツールが X-Z 方向に動くようにした装置です。PLC の配線は図 3-7-2 のようになっています。この装置の実験には写真 3-7-1 のシステムを使っています。パルス制御型を使って図 3-7-3 の動作順序にあるようにピック&リムーバとピック&プレイスの2通りの動作をするようにこの装置を動かしてみます。

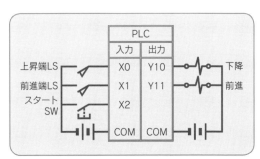

図 3-7-2　PLC 配線図

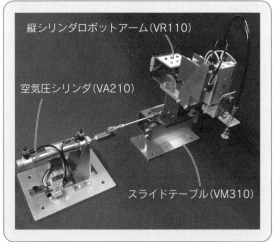

写真 3-7-1　2本のシリンダを使った XZ 移動ユニット

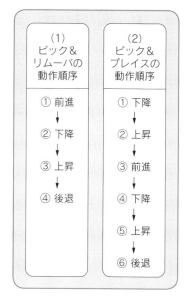

図 3-7-3　装置の動作順序

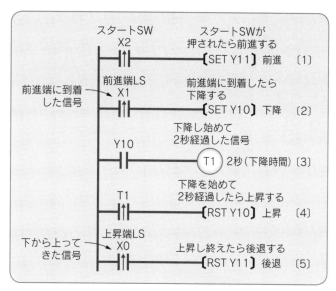

図 3-7-4　ピック＆リムーバと同様の動作プログラム

（1）ピック＆リムーバのパルス制御型プログラム

　まず、ピック＆リムーバの動きをするように、前進→下降→上昇→後退という順に動作するプログラムをつくってみます。図 3-7-4 がそのプログラムです。[1] ではスタート SW（X2）を押したら Y11 を ON にして前進します。前進端に到着した信号は X1 のパルスになります。そこで [2] のプログラムでは X1 のパルスで Y10 を ON にして下降します。[3] と [4] のプログラムで、その後 2 秒間たったら Y10 を OFF にして上昇します。上昇端に到着すると X0 が OFF から ON に変化するので、[5] のように X0 のパルス信号で Y11 を OFF にして後退します。

（2）ピック＆プレイスの動作プログラム

　次に動作順序を変更してスタート信号が入ったら、下降→上昇→前進→下降→上昇→後退というようにピック＆プレイスと同様な動作をさせるのであれば、図 3-7-5 のようにプログラムします。

　[1]、[2]、[3] ではスタート SW が押されたら、下降して 2 秒後に上昇させています。[4] では上昇端に戻ったときに、前進端 LS が OFF ならば前進出力 Y11 を ON にしています。[5] では前進端 LS が ON したときに下降して、[2]、[3] のプログラムで 2 秒後に上昇します。上昇したら [6] で後退して 1 サイクル動作を終了します。

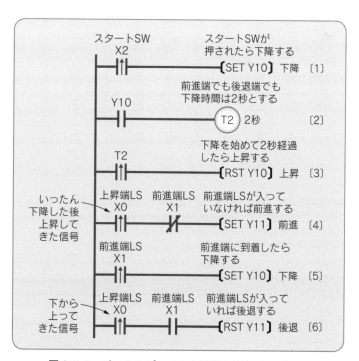

図 3-7-5　ピック＆プレイスと同様の動作プログラム

2つのセンサとパルスを使うと
ワークの移動方向がわかる

2つのセンサを並べて移動しているワークを検出すると、ワークがどちらの方向に移動
しているのかがわかるようになります。

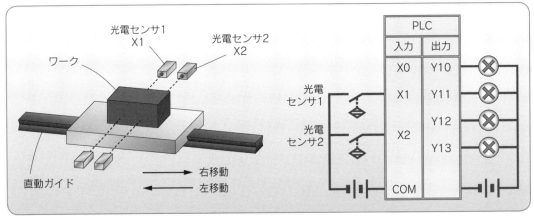

図 3-8-1　ワークの移動と2つの光電センサと PLC 配線図

　図 3-8-1 は2つの光電センサがワークよりも狭い間隔で並んでいて、通過するワークを検出して
います。このようにセンサを配置すると、2つの光電センサのパルスと ON/OFF の組み合わせでワ
ークの移動方向を知ることができます。

　図 3-8-2 はその信号で、ワークが右方向に移動しているときには、ワークが到着してから通過す
るまでには4つのパターンの信号が出ます。いずれの組み合わせもワークが右方向に移動している
ときに限って出る信号です。ワークを右に移動すると、出力は Y10 から順番に Y13 まで ON になっ
ていきます。ワークが左に移動したときにはどの出力リレーも ON になりません。

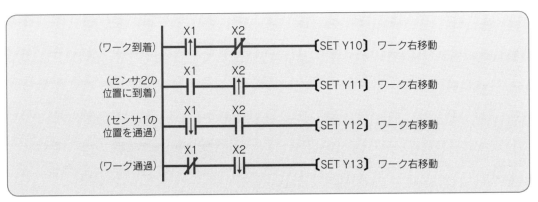

図 3-8-2　ワークが右移動している信号

第4章

タイマを使った制御プログラム

機械装置が動作すると、装置の状態が変化するとともに必ず時間が経過します。タイマを使うとその時間をコントロールできるようになります。ここでは時間を利用した制御方法について考えてみます。

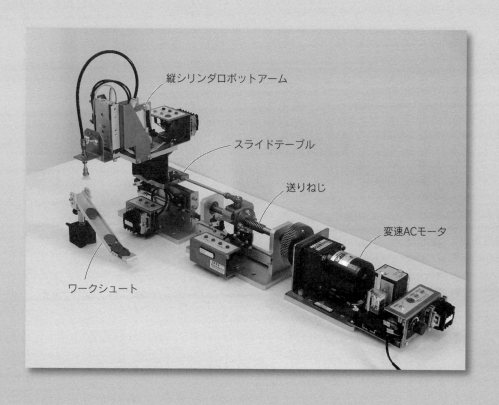

縦シリンダロボットアーム

スライドテーブル

送りねじ

変速ACモータ

ワークシュート

定石 4-1

センサの誤動作を避けるためにはタイマを使う

タイマは、タイマのコイルに信号が入ってから設定した時間が経過するとタイマの接点が切り換わるように動作します。タイマでコンベヤの停止時間をつくるには、停止信号を自己保持にしてタイマで自己保持を解除します。

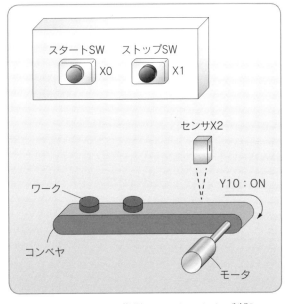

図 4-1-1　ワーク搬送コンベヤのタイマ制御

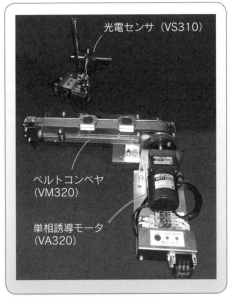

写真 4-1-1　ワーク搬送コンベヤ

（1）コンベヤを一定時間動かして停止する

　図 4-1-1 は、コンベヤに載せられたワークをセンサで検出して停止させる装置です。構成は**写真 4-1-1** のようになっています。**図 4-1-2** が PLC の配線図で、スタート SW が X0 に、コンベヤ駆動出力が Y10 に配線されています。スタート SW（X0）が ON になったときにコンベヤを駆動して、5 秒間経過したら停止するには、タイマ T1 を使って**図 4-1-3** のようにプログラムします。

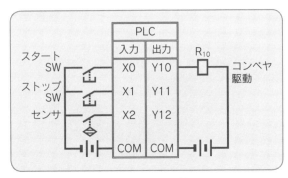

図 4-1-2　PLC 配線図

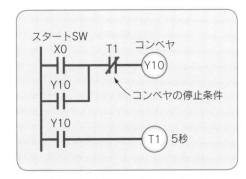

図 4-1-3　5 秒で停止するコンベヤ

(2) センサが ON したら3秒間コンベヤを止める

　次に、コンベヤで送られてきたワークをセンサで検出して停止し、3秒間経過すると再び動き出すようにプログラムしてみます。**図4-1-4** がそのプログラムです。まずスタート SW を押すと自動スタートのリレーM0が自己保持になります。M0が ON になるとコンベヤ駆動出力 Y10が ON になり、コンベヤが動き出します。コンベヤの停止条件を M1 として、M1が ON になったら Y10が OFF になるように Y10の出力に M1のb接点が入っています。

　コンベヤが動いてセンサ（X2）の位置にワークが到着した信号は、X2のパルスになります。このパルスが入ったら M1を自己保持にしてコンベヤを停止します。

　M1が ON してから3秒経過すると、タイマ T1が ON になって M1の自己保持を解除するので、コンベヤは再度動き出し、ワークはセンサの下を通過します。ワーク到着信号（X2のパルス）は、次のワークがセンサ位置にくるまで ON にならないので、コンベヤは動いたまま次のワークの到着待ちの状態になります。

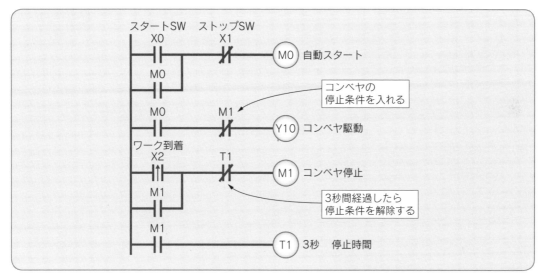

図4-1-4　センサ位置にワークがくるたびに3秒間停止するプログラム

(3) センサの誤動作を回避するプログラム

　図4-1-4のプログラムではワークがセンサの下を通過しているときに、一瞬でもセンサが OFF になると、X2のパルスが出て誤動作をすることがあります。このようなときには、図4-1-4の M1の回路を**図4-1-5**のように修正します。このプログラムでは、センサが0.1秒以上 OFF にならないとワーク到着信号が出ないようになっています。このようにセンサの動作が多少不安定なときにはタイマを使ってセンサのチャタリングを防ぎます。

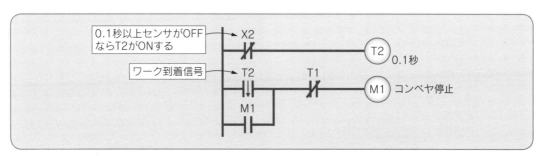

図4-1-5　センサが一瞬 OFF になっても誤動作をしない回路

時間遅れをつくるときには自己保持の開始信号をタイマで延長する

自己保持回路で出力の ON/OFF 制御を行っている場合には、自己保持の開始条件の接点をタイマで置き換えることで、出力が ON になる時間を遅らせることができます。

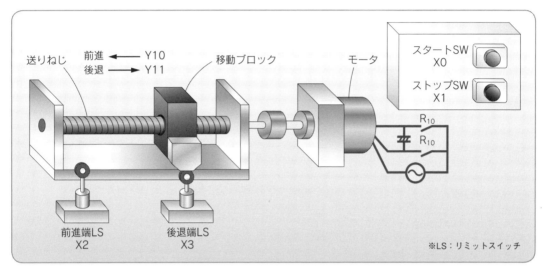

図 4-2-1　送りねじを使い移動ブロックを往復する装置

（1）装置の構成

図 4-2-1 は、送りねじを使って移動ブロックを往復駆動する装置で、**写真 4-2-1** のような構成になっています。PLC との配線は**図 4-2-2** のとおりで、前進端と後進端のリミットスイッチ（LS）は PLC の入力の X2 と X3 に配線されています。Y10 を ON にすると移動ブロックが前進し、Y11 を ON にすると後退します。

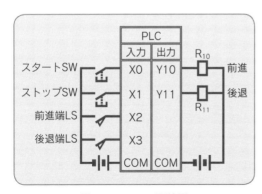

図 4-2-2　PLC 配線図

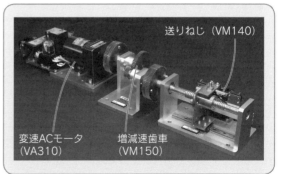

写真 4-2-1　送りねじの往復動作ユニット

（2）1往復のプログラム

　自己保持回路を使った往復制御プログラムをつくってみましょう。前進出力Y10の開始条件はスタートSWが押されたとき（X0：ON）に後退端LS（X3）がONになっている場合で、停止条件は、前進端LS（X2）が入ったときなので図4-2-3の〔1〕のようになります。

　後退出力Y11の開始条件は、やはり前進端LS（X2）が入ったときで、停止条件は、後退端LS（X3）が入ったときになるので〔2〕のようになります。

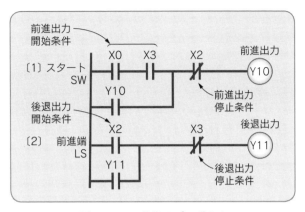

図4-2-3　1往復のプログラム

（3）前進端LSの信号を延長する

　図4-2-3のプログラムでは、前進端に到達したときに瞬時にモータの正転出力が逆転出力に切り換わってしまうので、モータが逆転しなくなるといった誤動作の原因になります。

　そこで前進端で1秒の時間待ちをするようにプログラムを改善します。1つの方法として、後退出力の開始リレーの接点X2の信号を遅らせてみます。

　図4-2-4のプログラムでは、X2の接点にタイマT2をつけて、X2がONしてから1秒間後にT2の接点が切り換わるようにしてあります。後退出力の開始信号としてT2の接点を使っているので、前進端で1秒の時間待ちをしてから後退動作を開始するようになります。

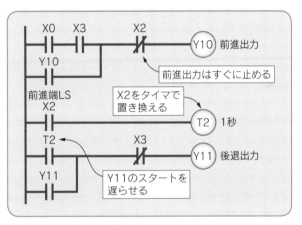

図4-2-4　前進端LSの信号にタイマをつける

（4）前進出力OFFの信号の延長

　後退出力の開始を遅らせるもう1つの方法として、前進出力Y10がOFFになってから1秒間はY11がONできないようにすることが考えられます。Y10がOFFの時間をタイマで1秒間計測するには、Y10のb接点をタイマに置き換えればよいので、**図4-2-5**のT2のようにします。このプログラムでは、同様にY11のb接点もタイマT3に置き換えて後退端でも1秒の待ち時間をつくっています。

　このようにしておくと、スタートSWをONにしたまま連続で運転しても、前進端と後退端で1秒ずつ停止する動作になります。

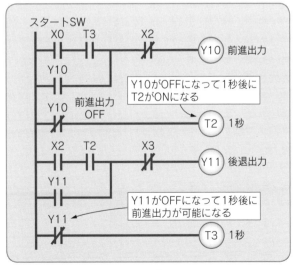

図4-2-5　Y10のOFFの信号にタイマをつける

ダブルクリックでランプを点灯するにはタイマとパルスを使う

**定石
4-3**

ダブルクリックは決められた短い時間内にスイッチを2度操作したことを検出するようにプログラムします。押しボタンスイッチが一度押されて離したときを1回のクリックと数えます。

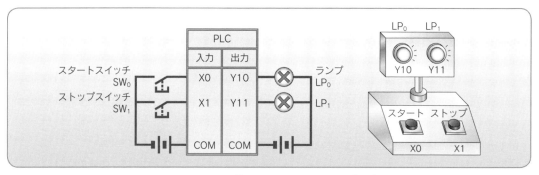

図 4-3-1　PLC 配線図とスイッチとランプの装置

　図 4-3-1 の装置を使ってスタートスイッチ SW_0（X0）をダブルクリックしたときに、ランプ LP_0（Y10）が点灯するプログラムをつくってみます。ダブルクリックで点灯するには、タイマとパルスとカウンタを使って図 4-3-2 のようにプログラムします。最初に SW_0 を押したときから1秒以内に再度 SW_0 を押し、離したらランプ LP_0 が点灯するようになっています。SW_0 をいったん押して離したときの信号は X0 の立下りパルスを使います。

　スタートスイッチ SW_0 を1回目に押したときの信号が M1 です。M1 はタイマ T1 によって1秒後に OFF になります。M1 が ON になっている1秒の間に X0 の立下りパルスが2度発生したらダブルクリックがあったと判断します。M1 が OFF するまでの1秒の間にカウンタ C1 で X0 の立下り信号を2回数えると LP_0 が点灯します。

　ストップスイッチ（X1）を押すと、LP_0 のランプ出力（Y10）をリセットするので LP_0 は消灯します。

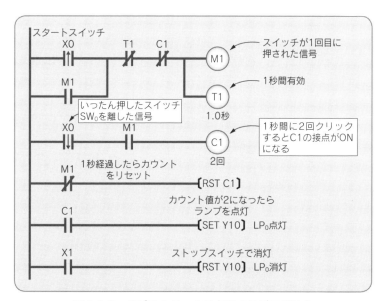

図 4-3-2　ダブルクリックで点灯するプログラム

タイマを使うと装置を時間で制御できる

一定のタイミングで動作している機械装置の場合には、そのタイミングの時間を正確に測って、出力を切り換える時間のタイミング信号をつくれば、リミットスイッチやセンサを使わなくても制御プログラムをつくることができます。

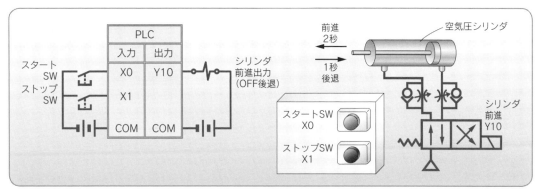

図4-4-1　PLC配線図と空気圧シリンダの1往復

　図4-4-1の空気圧シリンダを1往復したときに、前進に2秒、後退に1秒かかっていたとすると、タイマを使って図4-4-2のプログラムで動作させることができます。スタートSWを押したときの信号がM1で、M1がONしてから2秒後の信号がT2なので、最後の行のようにシリンダ出力（Y10）をM1でONにして、T2でOFFにします。T2がONになってから1秒後にシリンダは後退端に戻ってくるので、その待ち時間をT3でつくっています。

　T3がONしたら、シリンダの1サイクルが終了するので、T3のb接点でM1をOFFにしています。

　もし、前進端で1秒ほど待ち時間が必要ならば、T2の設定時間を2秒から3秒に変更します。

　このように時間によるタイミングを使って順序制御をする方法を「時間制御型」と呼んでいます。

　写真4-4-1は実験に使った空気圧シリンダのモデルです。空気圧シリンダについているスピードコントローラで動作速度を変更すると、前進時間と後退時間を調節できます。

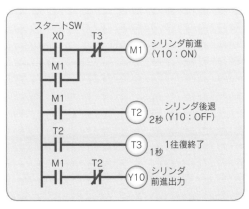

図4-4-2　タイマを使った1往復のプログラム

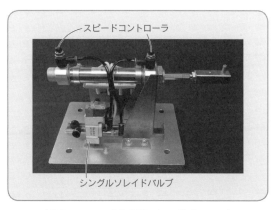

写真4-4-1　空気圧シリンダ（VA210）

時間制御型なら空気圧式ピック&プレイスユニットをリミットスイッチなしで制御できる

タイマを使った時間制御型のプログラムで、空気圧式のピック&プレイスユニットを制御してみましょう。

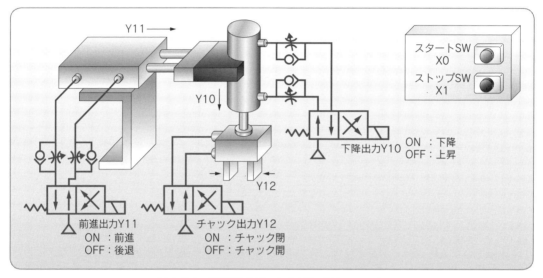

図 4-5-1　空気圧式ピック&プレイスユニット

（1）時間制御のタイミングチャート

　図 4-5-1 は、空気圧式ピック&プレイスユニットで、3 つのシングルソレノイドバルブで駆動するようになっています。装置の実際の構成は写真 4-5-1 のとおりです。PLC の配線は、図 4-5-2 のように Y10 が下降出力、Y11 が前進出力、Y12 がチャック出力になっていて、リミットスイッチの入力信号はありません。この装置を図 4-5-3 の動作順序で動かします。下降と上昇の時間が 2 秒、

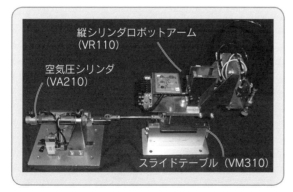

写真 4-5-1　空気圧式ピック&プレイスユニット

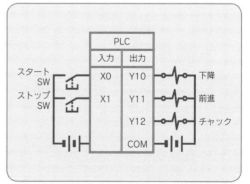

図 4-5-2　PLC 配線図

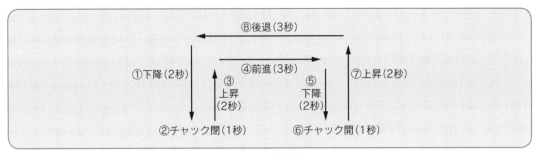

図 4-5-3　動作順序図

チャックに1秒、前進と後退に3秒ずつかかるとしたときにタイミングチャートをつくると、**図4-5-4**のようになります。

　この図を元にして、時間経過のタイミングをタイマでつくってタイマの接点で出力を切り換えるように制御したものが「時間制御型」のプログラムです。

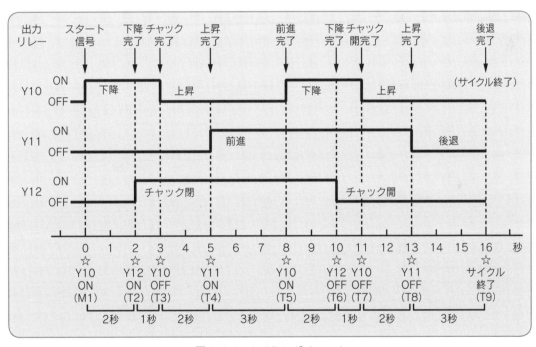

図 4-5-4　タイミングチャート

（2）スタート時点からの経過時間で制御する

　ピック＆プレイスユニットの全動作のプログラムを時間制御型でつくってみます。

　タイミングをつくる必要のある信号は図4-5-4に☆印をしてあるところなので、M1がONしてから2秒、3秒、5秒、8秒、10秒、11秒、13秒、16秒と8つの時間タイミングをつくることになります。

　これがM1がONしてからの時間になるので、**図4-5-5**のようにタイマを用意すればすべてのタイミングをつくることができます。このタイマの接点が切り換った信号で出力を切り換えるプログラムは、**図4-5-6**のようになります。

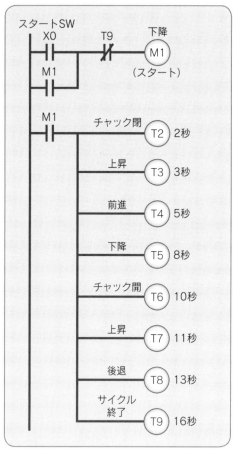

図 4-5-5　スタートからの時間経過

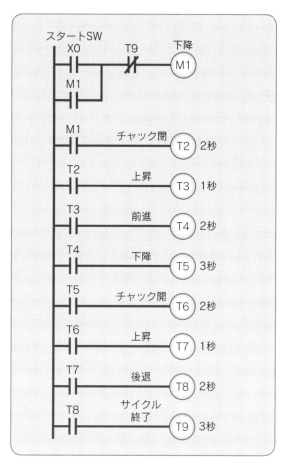

図 4-5-7　タイミングの時間間隔を使ったプログラム

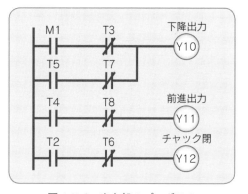

図 4-5-6　出力部のプログラム

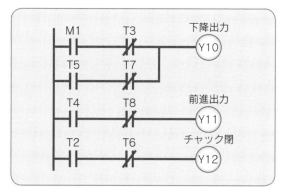

図 4-5-8　出力部のプログラム

（3）動作前後の時間間隔で制御する

　もう 1 つの考え方は、図 4-5-4 のタイミングチャートの 1 番下に書いているように、各タイミング間の時間間隔を使うようにすることです。M1 から T2 の間が 2 秒、T2 から T3 が 1 秒、T3 から T4 が 2 秒…となっているので、1 つ前の状態からの経過時間を記述すればタイマを使って同様のタイミングをつくることができます。このようにしてつくったのが**図 4-5-7** のプログラムです。図 4-5-7 の各タイマが切り換わるタイミングは図 4-5-5 のプログラムと変わらないので、出力部のプログラムは**図 4-5-8** のようになり、図 4-5-6 と同じになります。

第2部 応用編

第5章

イベント制御型の順序制御プログラムのつくり方

機械装置を決められた順序どおりに制御するときにはイベント制御型のプログラム構造を使うことができます。イベント制御型では機械装置の動作の状態を順番に記述して、その中の何番目のリレーが ON になっているかを見れば機械の状態がわかるようにプログラムします。

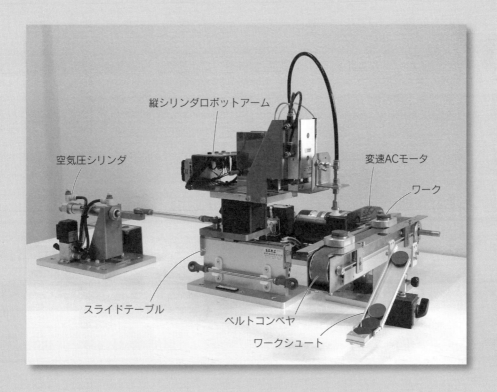

縦シリンダロボットアーム

空気圧シリンダ

変速ACモータ

ワーク

スライドテーブル

ベルトコンベヤ

ワークシュート

サイクル動作をする順序制御は
イベント制御型でプログラムする

イベント制御型のプログラムは、決められた 1 サイクルの順序動作を繰り返すような装置の制御に向いています。簡単な装置を例にして、イベント制御型で制御するプログラムのつくり方を解説します。

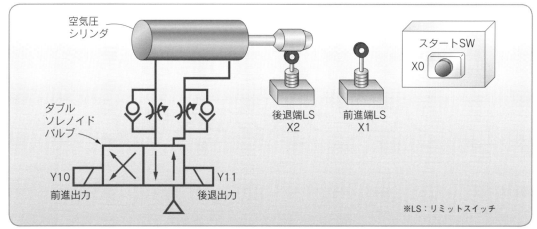

図 5-1-1　空気圧シリンダの往復装置

　図 5-1-1 は、スタートSW が押されたら空気圧シリンダを往復する装置です。空気圧制御にはダブルソレノイドバルブを使っていて、Y10 を ON にすると空気圧シリンダが前進し、Y10 をOFF にして Y11 を ON にすると後退します。

　図 5-1-2 のように、前進端を検出するリミットスイッチ（前進端 LS）は PLCの入力 X1 に、後退端 LS は

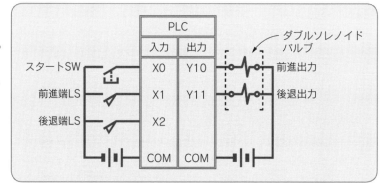

図 5-1-2　PLC 配線図

X2 に配線されています。この装置を「イベント制御型」のプログラムで制御してみましょう。

(1) イベント制御型プログラムの構造

　イベント制御型のプログラムは、入力信号の変化をイベントと考えて、イベントが入ったときの信号をリレーに記憶して、そのリレー接点を使って出力を変化させる制御方法です。出力を変化させると、必ず装置の状態が変化してなんらかの入力信号が変化します。その変化をイベントとして次のリレーに新たな記憶をつくり、状態を 1 つ先に進めます。このとき前の状態を記憶していたリレーは OFF にします。

このように、イベントが発生したらその信号をリレーに記憶して、そのリレーの接点を使って出力を切り換えます。次のイベントが発生したら、それを次のリレーに記憶すると同時に前のイベントの記憶を消去していくように制御します。

順序制御ではスイッチが押された信号やセンサがONになった信号などの入力信号が変化するタイミングを使って出力を切り換えます。その入力信号の変化のタイミングを「イベント」と呼んでいます。

イベント制御型では、イベントが入ったことを記憶するリレーが必要です。そのリレーをPLCの補助リレーM1、M2、M3…としてみると、たとえば1番目のイベントが入ったときにM1をONにして、2番目のイベントが入ったらM1をOFFにしてM2をONにするといった具合に、順番にONにするリレーを切り換えていくようにプログラムします。そしてその記憶している補助リレーの接点を使って出力リレーのON/OFFを切り換えます。

(2) イベント制御型プログラムのつくり方

イベント制御型では、発生するイベントや動作順序をわかりやすくするために、順序フロー図を使います。図5-1-1の装置の順序フロー図をつくってイベント制御型でプログラムしてみます。

この装置を始動するときには、まずスタートSWを押しますから、最初のイベントはスタートSW（X0）の入力信号がONになったときになります。そのイベントを記憶するリレーをM1とすると、順序フロー図は図5-1-3のように書くことができます。

この順序フロー図を見ると「はじめ」のところに「トークン」と呼ばれるコインのようなものがあります。このトークンは「トランジション」と呼ばれるストッパで停止していますが、イベントの条件が整うとストッパが解除されて次のプレースに移動します。「プレース」とは状態を意味していて、トークンがあるプレースが実行中の状態になります。イベントであるX0がONになるとトランジションのストッパが外れてM1のプレースにトークンがくるので、リレーM1がONになります。

この部分をプログラムしてみると、図5-1-4のように書くことができます。

この装置ではスタートSW（X0）がONしたらシリンダが前進するので、M1で出力リレーのY10をONにします。そこで、出力部は図5-1-5のようになります。すなわち、X0がONしたらM1がONになってシリンダが前進するわけです。

シリンダが前進すると次に起こるイベントは前進端LS（X1）がONになることなので、M1にあったトークンが次のM2に移動するための順序フロー図は図5-1-6のようになります。

図5-1-6では前進端LS（X1）がOFFの状態で、トークンはM1にとどまっています。図5-1-5のプログラムでY10をONにしたことで、シリンダが前進してX1がONになると、トー

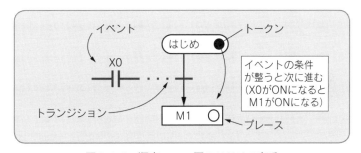

図5-1-3　順序フロー図のはじめの部分

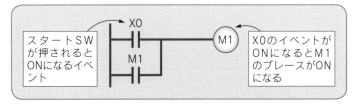

図5-1-4　X0のイベントでM1がONするプログラム

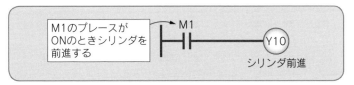

図5-1-5　出力部

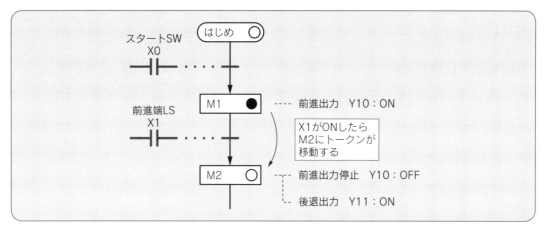

図 5-1-6　M1 から M2 への順序フロー図

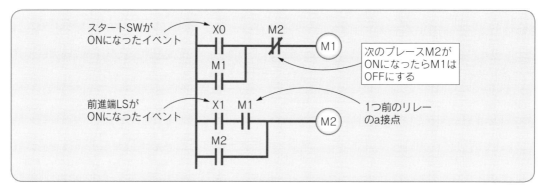

図 5-1-7　前進端 LS が ON になると M2 が ON になる

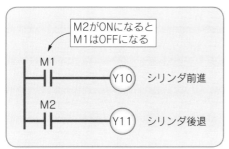

図 5-1-8　出力リレーのプログラム

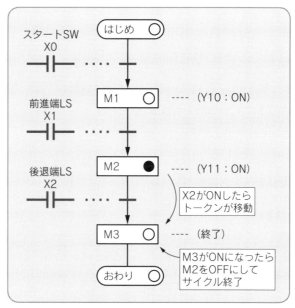

図 5-1-9　順序フロー図

クンが M1 から M2 に移動します。その結果、M1 のリレーは OFF になり、M2 のリレーが ON になります。

　ここまでをプログラムにしてみると図 5-1-7 のようになります。

　M2 が ON になると M1 は OFF になるので、図 5-1-5 の Y10 のシリンダ前進出力は OFF になります。そこで、M2 が ON になったときに後退出力 Y11 を ON にするためのプログラムを追加すると図 5-1-8 のようになります。

Y11 が ON になりシリンダが後退すると、次に起こるイベントは後退端 LS（X2）が ON になることなので、順序フロー図は**図 5-1-9** のようになります。

M3 が ON になったところで 1 サイクルの動作が完了するので、M3 の後に「おわり」をつけておきます。この順序フロー図から全体のプログラムをつくってみると**図 5-1-10** のようになります。

M3 を終了信号として使うときには M3 を自己保持にして、次のスタート信号 M1 が入ったときに OFF にします。この場合、図 5-1-10 の M3 のプログラムを**図 5-1-11** のように変更します。

写真 5-1-1 は、この実験に使った空気圧シリンダのモデルです。

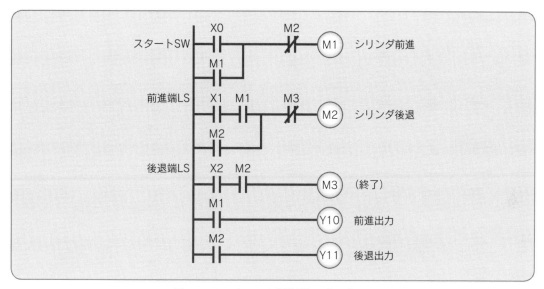

図 5-1-10　イベント制御型のプログラム

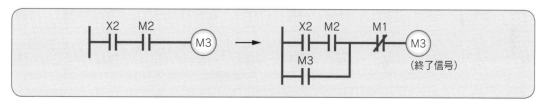

図 5-1-11　M3 を終了信号として使う場合の変更

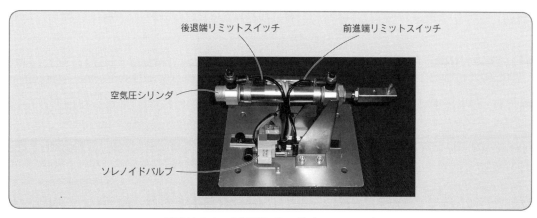

写真 5-1-1　空気圧シリンダ（MM-VA210）

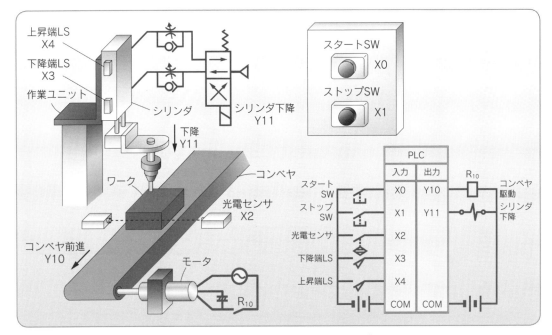

イベント制御型

定石 5-2

ワーク搬送コンベヤは作業ユニットの動作中には停止しておく

イベント制御型のプログラムは、同じサイクルを繰り返す順序制御動作を制御するのに適しています。一方、コンベヤの制御のような単純な ON/OFF 制御には自己保持回路型の制御プログラムを使います。2 つの制御方法が混在するようなプログラムのつくり方を考えてみます。

図 5-2-1　ワーク送りコンベヤとシリンダの作業ユニット

図 5-2-1 は、コンベヤでワークを搬送し、光電センサ（X2）が ON したらコンベヤを停止してシリンダが上下 1 往復動作をする装置です。シリンダが作業している間はコンベヤを停止して 1 サイクルの作業が終了したら、またコンベヤを起動します。この装置をイベント制御型のプログラムで制御してみます。

（1）コンベヤのプログラム

図 5-2-2 は、コンベヤ制御部のプログラムです。スタート SW（X0）が ON したら、自動スタート信号（M0）を ON にして、M0 が ON のときにコンベヤが動くようにしてあります。M40 はシリンダの作業が行われているときの作業中信号なので、作業中はコンベヤが停止するようになっています。この作業中信号は後で作業ユニットの制御プログラムからつくります。

（2）作業ユニットのプログラム

次に作業ユニットの制御プログラムをつくります。この作業ユニットは、シリンダが下降して下降端で 2 秒の時間待ちをして上昇するまでの 1 サイクル動作をします。この動作をイベント制御型のプログラムでつくると図 5-2-3 のようになります。

（3）ユニット動作中信号をつくる

ユニットが動作を始めると M1 のコイルが ON になり、シリンダを下降させます。下降端に達すると M2 が ON になり、M1 は OFF になります。2秒経過すると M3 が ON、M2 が OFF になってシリンダは上昇し、上昇端に到達すると M4 の終了信号が ON になって作業が完了します。ユニット動作中信号 M40 は M1〜M3 のいずれかが ON になっているときなので、**図5-2-4** のように書くことができます。

M40 が ON のときには図5-2-4 の M1 が ON しないように、M1 の自己保持の開始条件に M40 の b 接点を入れておきます。

（4）ワーク到着信号

光電センサ X2 は立上りパルス信号にしてあります。この X2 のパルスはコンベヤで送られてきたワークが到着したときに1スキャンだけ ON になるので、一度作業を行ったら次のワークがくるまで作業を開始しないようになっています。

（5）プログラムの実行

図5-2-2、図5-2-3、図5-2-4 のプログラムをまとめて1つにして実行すると、ワークが送られてくるたびに作業ユニットが上下1往復する動作をします。ここでは単純な動作をする作業ユニットを例にとりましたが、作業ユニットが複雑になっても考え方は同じです。

写真5-2-1 は、このプログラムを検証するために使用した実験モデルです。

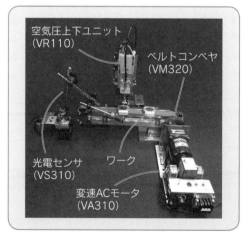

写真5-2-1　ワーク搬送コンベヤとシリンダの
作業ユニット（MM3000シリーズ）

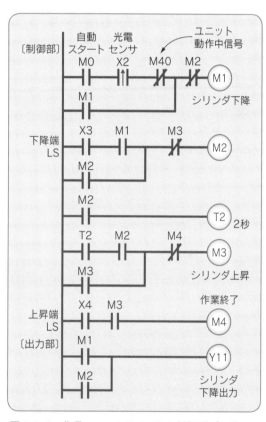

図5-2-2　コンベヤ制御部のプログラム

図5-2-3　作業ユニットのイベント制御型プログラム

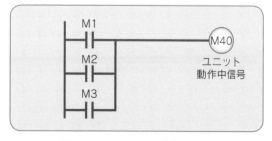

図5-2-4　ユニット動作中信号

装置を効率よく動かすにはユニットを機能ごとに分割して制御する

機械装置がいくつかのユニットに分割できるときにはそのユニットごとに順序制御プログラムにしておくと、ユニット相互のタイミングをとり、効率よく動作させることができるようになります。

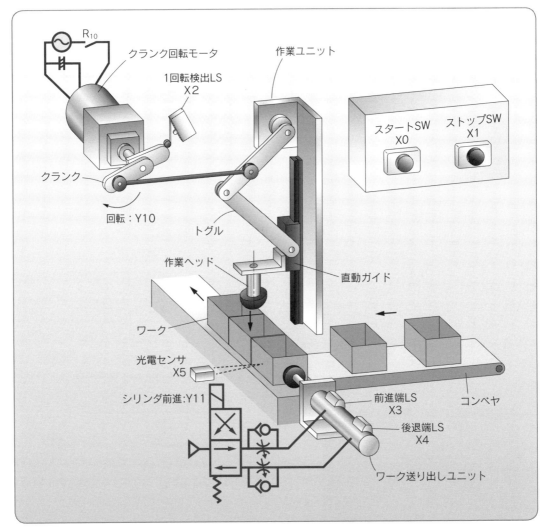

クランク回転モータ

作業ユニット

1回転検出LS
X2

スタートSW
X0

ストップSW
X1

クランク

回転：Y10

トグル

作業ヘッド

直動ガイド

ワーク

光電センサ
X5

シリンダ前進:Y11

前進端LS
X3

後退端LS
X4

コンベヤ

ワーク送り出しユニット

図 5-3-1　システム図

（1）装置の構成

図 5-3-1 は、直動ガイドで上下にスライドできるようにした作業ヘッドを、トグルを使ったメカニズムで上下に運動させる装置です。モータを駆動してクランクを1回転し、トグルについている作業ヘッドを1往復させます。作業ヘッドが1往復したらワーク送り出しユニットのシリンダを1往復させ、箱形のワークを1個分前に送り出します。次のワークは作業ヘッドが1往復する間にコンベヤで送り込まれて、シリンダの前にセットされるものとします。

シリンダはシングルソレノイドバルブで制御されていて、Y11 を ON にすると前進して箱形ワークを押し出し、Y11 を OFF にすると後退します。クランクを駆動するモータは Y10 を ON にすると一方向に回転します。

PLC の配線は**図 5-3-2** のようになっています。

この装置を動かすイベント制御型のプログラムをつくってみましょう。

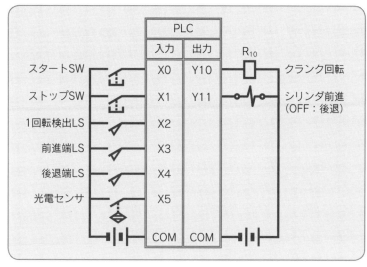

図 5-3-2　PLC 配線図

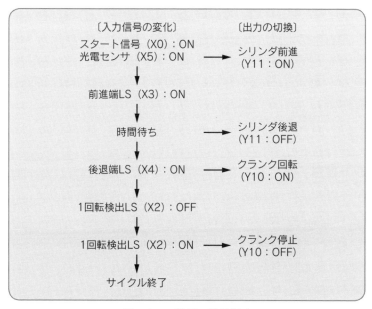

図 5-3-3　装置の動作順序

(2) 2つのユニットに分割したプログラム

図 5-3-3 には動作順序が書かれています。この順序図では、シリンダが戻ってからクランクが回転を始めるようになっていますが、1サイクルの時間を短縮するには、シリンダが前進端に達したらクランクの回転を始めるようにします。

このようなプログラムにするには、クランクとシリンダを別のユニットと考えてそれぞれ独立したプログラムにします。それぞれの順序フロー図を書いてみると、図 5-3-4 と図 5-3-5 のようになります。

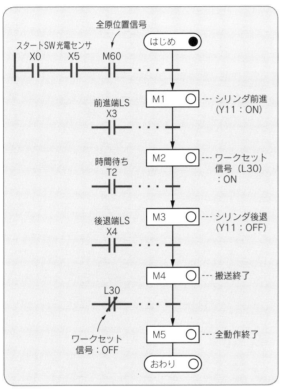

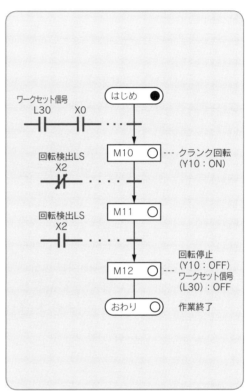

図 5-3-4　箱型ワーク送り出しユニットの順序フロー図　　　図 5-3-5　作業ユニットの順序フロー図

図 5-3-4 の順序フロー図から、シリンダによって箱形ワークを送り出すプログラムをつくると、**図 5-3-6** のようになります。

また、クランクによる作業ユニットのプログラムを図 5-3-5 の順序フロー図からつくると、**図 5-3-7** のようになります。

(3) ワークセット信号

ワークセット信号（L30）は、図 5-3-6 の M2 でセットして図 5-3-7 の M12 でリセットされるので、**図 5-3-8** のようになります。ワークセット信号は、PLC の電源を落としても消えることがないように停電保持リレーを使います。ここではリレー番号の先頭に L をつけたものを停電保持リレーのシンボルにしています。停電保持リレーは普通の補助リレーと同じように使えます。

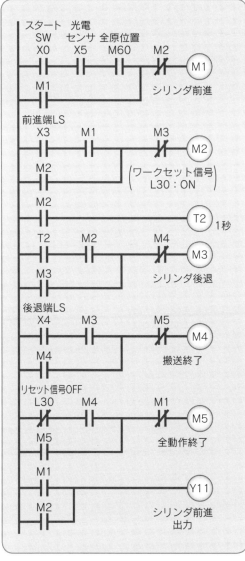

図 5-3-6　箱型ワーク送り出しユニットの
イベント制御型プログラム

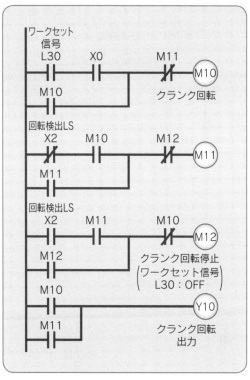

図 5-3-7　作業ユニットのイベント制御型
プログラム

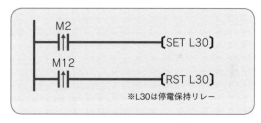

図 5-3-8　ワークセット信号

※L30 は停電保持リレーです。補助リレーと同じように使えますが、
PLC の電源を OFF にしても状態を保持します。

（4）全原位置信号

　全原位置信号（M60）は、M1～M4、M10、M11 のすべてが OFF になっていて、シリンダの後退
端（X4）とクランクの回転検出 LS（X2）が ON のときなので**図 5-3-9** のようになります。

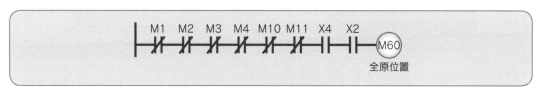

図 5-3-9　全原位置信号

イベント制御型のプログラムでは開始条件にユニット停止中信号を入れる

イベント制御型のプログラムでユニットの順序制御を行うときには、誤動作を避けるために、制御を開始する先頭リレーがONになる条件にユニットが停止している信号を入れておきます。

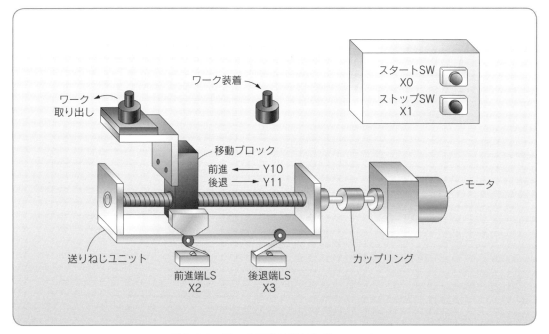

図 5-4-1　モータ駆動の送りねじユニット

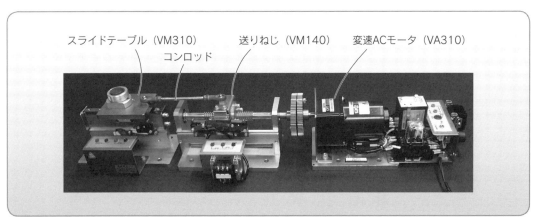

写真 5-4-1　送りねじのモータ駆動モデル

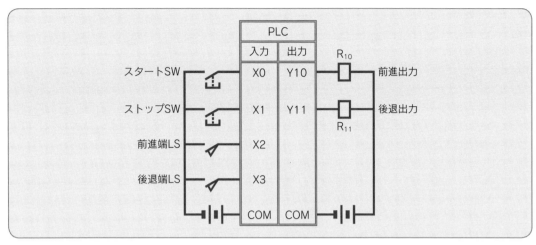

図 5-4-2　PLC 配線図

（1）装置の構成

　図 5-4-1 は、送りねじユニットをモータで駆動する装置です。配線は**図 5-4-2** のとおりになっています。送りねじの後退端でワークを装着してスタート SW を押すと、移動ブロックが前進端まで移動します。そこでワークの取り出し時間 3 秒が経過したら移動ブロックを後退します。**写真 5-4-1** は、実験に使った送りねじをモータで駆動する MM3000 シリーズのモデルです。

（2）イベント制御型プログラム

　この動作を記述した順序フロー図をつくってみると**図 5-4-3** のようになります。

　順序フロー図からイベント制御型のプログラムをつくります。

　①の部分はスタート SW（X0）が ON になったというイベントで M1 を ON にするので、自己保持回路を使って**図 5-4-4** の［1］のようにします。

　この M1 を OFF にするのは順序フロー図の次のリレー M2 が ON になったときなので、M1 の自己保持を解除する条件に M2 の b 接点を入れておきます。M1 が ON したらモータの前進出力 Y10 をON にするので、図 5-4-4 の〔6〕のように出力回路をつくります。

　Y10 が ON したら移動ブロックが前進して、しばらくすると前進端 LS（X2）が ON になります。M1 が ON になった状態で前進端信号 X2 が ON になったとき、トークンが次のプレースの M2 に移動します。すなわち②の部分は M1 と X2 が ON のときに M2 を自己保持にするプログラムになります。この M2 の自己保持は次のリレー M3 が ON になったときに解除されるので、M2 の自己保持回路は［2］のようになります。

　③の部分はタイマで、M2 の状態が 3 秒間継続したことをタイマ T2 で計測します。そこでこのタイマのプログラムは［3］のようになります。

　④の部分は M2 が ON のときに、タイマ T2 が ON になったイベントでリレー M3 を自己保持にします。自己保持の解除条件は次のリレー M4 になるので、［4］のようなプログラムになります。M3が ON したら後退出力 Y11 を ON にするので、〔7〕のように出力プログラムを書きます。

　⑤の部分は後退端 LS（X3）が ON になったイベントで M4 を自己保持にするので、［5］のようにします。この M4 は終了信号となるので、次のスタートが入って M1 が ON になったら自己保持を解除します。

（3）ユニット停止信号

　このように図 5-4-4 は装置のイベント制御型プログラムになっています。このプログラムでは、スタート SW がいつ押されても誤動作しないように、M1 の自己保持の開始条件にユニットが停止し

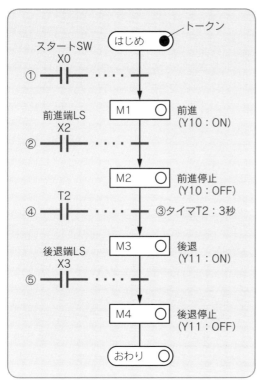

図 5-4-3　順序フロー図

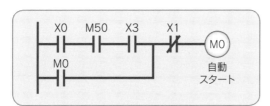

図 5-4-5　自動スタート信号

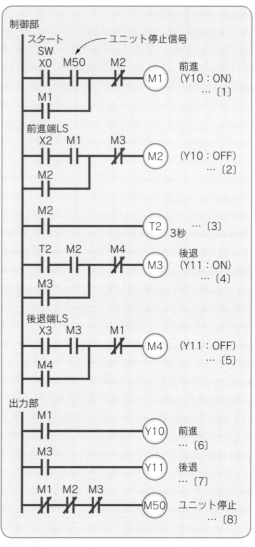

図 5-4-4　イベント制御型プログラム

ている信号 M50 を追記してあります。ユニットが停止している状態では M1、M2、M3 の 3 つのリレーがすべて OFF になっています。そこでユニット停止信号 M50 は［8］のように記述できます。

　もし、この M50 が入っていないと誤動作を起こすことがあります。たとえば M3 が ON のときにスタート SW が押されると M1 が ON になるので、M1 と M3 の両方が ON になってしまいます。その結果、Y10 と Y11 が同時に ON になってしまい、最悪のケースではモータや装置が破損することになりかねません。

（4）自動スタート信号

　図 5-4-4 のプログラムのスタート SW（X0）を押したままにすると、送りねじユニットは往復の動作を繰り返します。そこで、図 5-4-5 の自動スタート信号 M0 をつくって［1］の X0 の接点と置き換えると連続運転にすることができます。一方、後退端で待ち時間をつくるには、一番下の［8］のユニット停止信号 M50 をタイマで延長して、そのタイマの a 接点で、①の M50 の a 接点を置き換えます。

　このように、ユニットのサイクル動作をイベント制御型で記述しておくと、少しのプログラム変更で動作タイミングを調整できるようになります。

第6章

状態遷移型の順序制御プログラムのつくり方

状態遷移型のプログラムは機械の状態の変化を順番に記憶していき、その記憶を使って出力を切り換える方法です。決められた動作サイクルを繰り返す順序制御のプログラムをつくるのに適した方法です。

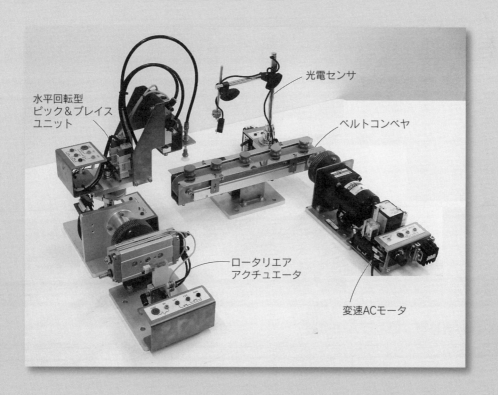

水平回転型
ピック＆プレイス
ユニット

光電センサ

ベルトコンベヤ

ロータリエア
アクチュエータ

変速ACモータ

装置を決められた順序で制御するには状態遷移型のプログラムを使う

状態遷移型のプログラム構造を使うと、同じ動作サイクルを繰り返す順序制御ができるようになります。状態遷移型のプログラムのつくり方の基本的な考え方を説明します。

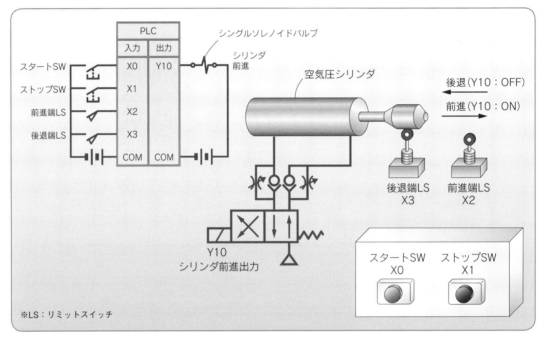

図 6-1-1　空気圧シリンダを使った装置と PLC 配線図

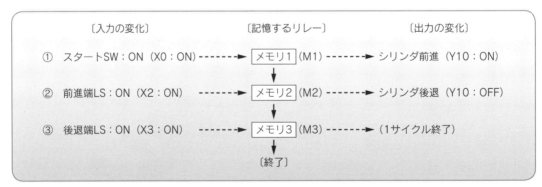

図 6-1-2　装置の動作順序図

（1）状態遷移型プログラムの構造

　状態遷移型のプログラムの特徴は、制御部と出力部が分かれていて、制御部では順序動作を状態の変化に従って、1動作ずつ自己保持回路を使って順番にリレーに記憶していくことにあります。

出力の切り換えには、制御部で記憶したリレーの接点を使います。順序制御の1サイクル動作が完了したら、状態を記憶しているすべてのリレーをOFFにして、また最初から順序動作を行えるようにします。

(2) 状態遷移型プログラムのつくり方

具体的な例を使って状態遷移型のプログラムをつくってみます。

図6-1-1は、空気圧シリンダを使った装置で、ソレノイドバルブが接続されている出力Y10のリレーをONにすると、シリンダが前進します。前進端に達すると、X2に接続されているリミットスイッチ（前進端LS）がONになります。Y10をOFFにするとシリンダは後退して、後退端まで戻ると、後退端LS（X3）がONになります。

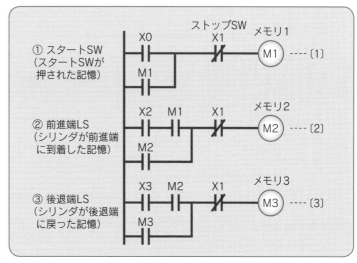

図6-1-3　装置の状態の変化

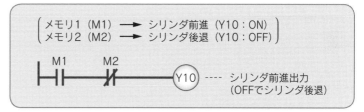

図6-1-4　メモリを使った出力の切り換え

この装置を使ってスタートSW（X0）が押されたら、空気圧シリンダが1往復する状態遷移型のプログラムをつくってみます。まず、動作順序に従って入力信号と出力信号がどのように変化するか、図6-1-2の動作順序図を使って見てみましょう。

シリンダが1往復するときに、装置の入力は①→②→③と変化します。入力が変化したときに装置の状態が変わったと考えて、その状態をメモリ1〜メモリ3に記憶します。メモリ1〜メモリ3をPLCの補助リレーM1〜M3でつくるとすると、図6-1-3のようなプログラムができます。

M1はX0でONになるので、〔1〕のようにX0を開始条件とした自己保持にします。次のM2はM1がONしているときにX2がONしたら自己保持にするので、M2の自己保持の開始条件はM1とX2になります。これが〔2〕のプログラムです。同様に、M3の自己保持の開始条件はX3とM2になるので、〔3〕のようなプログラムになります。ここでは自己保持の解除条件としてX1のストップSWを使っています。

(3) 出力を切り換えるプログラム

次にこのM1〜M3のメモリを使って出力を切り換えます。スタートSWが押されたという記憶M1がONになったら、シリンダの前進出力Y10をONにして、前進端に到着したという記憶M2でY10をOFFにしますから、出力は図6-1-4のようなプログラムにします。

図6-1-3と図6-1-4を続けて記述すると、スタートSWを押したときにシリンダが1往復するプログラムになります。シリンダが1往復動作を完了するとメモリに使ったM1〜M3のすべてのリレーがONしたままになっているので、再度1往復させるときは、いったんストップSW（X1）を押して、M1〜M3の自己保持を解除してからスタートSW（X0）を押すようにします。

(4) 動作終了時にメモリを解除する方法

図6-1-3のプログラムでは、スタートする前に毎回ストップSW（X1）を押さなくてはなりません。これでは不便なので、動作が完了した信号でM1～M3の自己保持を自動的に解除するようにしてみましょう。

1つの方法として、M1～M3の自己保持を動作完了信号M3で解除すればよいので、図6-1-3のX1のb接点をM3のb接点に書き換えてみます。すると動作が完了した直後にM1～M3がOFFになるので、すぐに次のスタートがかけられます。

もう1つの方法として、1つ前のリレーを次のリレーの生存条件にして、先頭のリレーの自己保持を解除すればすべてのリレーの自己保持が解除されるようにする方法があります。

図6-1-3のプログラムからわかるように、状態遷移型のプログラムでは装置の

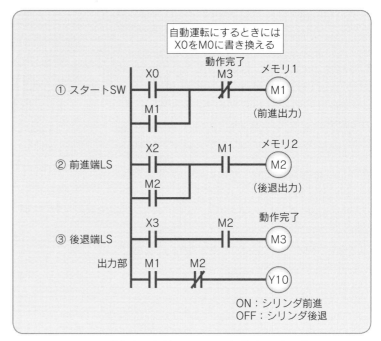

図6-1-5　動作完了信号でメモリを解除するプログラム

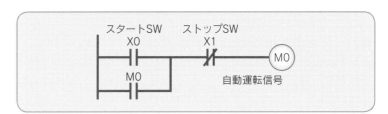

図6-1-6　自動運転信号

動作開始を表すリレーM1からM3まで順番にONしていきます。その順序を自己保持の生存条件でつくって、動作が完了したときにM1のリレーだけを解除すれば、ほかのリレーも同時に自己保持が解除されるようにプログラムをつくり直したものが**図6-1-5**のプログラムです。

このプログラムでは、シリンダが1往復を完了した信号M3がONになったときの信号でM1の自己保持を解除しています。M2の自己保持回路にM1のa接点が生存条件の形で入っているので、M1がOFFになると自動的にM2もOFFになります。M3はシリンダの後退端がONになった瞬間に1スキャンだけONするパルス信号になります。

(5) 状態遷移型プログラムの自動運転

プログラムを変更して、この装置を連続して動作させる自動運転にしてみます。自動運転にするには、自動運転信号を自己保持回路でつくって、この信号がONしている間、装置が連続して動作するようにします。自動運転信号はスタートSWとストップSWを使って**図6-1-6**のようにします。

このM0はスタートSW（X0）が押されたときにONになり、ストップSW（X1）でOFFになる自己保持回路になります。M0がONになっている間、シリンダが往復動作を繰り返すためには、図6-1-5のプログラムの1行目のX0をM0に変更します。

このようにユニットの1サイクル動作を状態遷移型のプログラムで記述しておくと、わずかな書き換えで自動運転のプログラムに変更することができます。

状態遷移型の順序制御は
流れ図をつくってプログラムする

状態遷移型のプログラムで順序制御をするときには、流れ図をつくるとわかりやすくなります。装置の動作順序から流れ図をつくってプログラムにする方法を解説します。

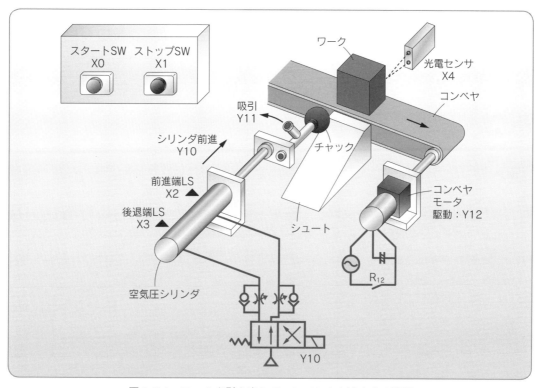

図 6-2-1　ワークを引き出してコンベヤから排出する装置

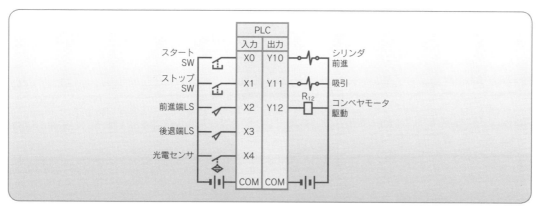

図 6-2-2　PLC 配線図

（1）装置の構成と動作順序図

　図6-2-1 は、コンベヤで送られてきたワークをセンサの位置で停止し、吸引チャックをつけたシリンダが前進し、ワークを吸いつけてシュート上に引き出す装置です。

　PLCの配線は、図6-2-2 のようになっていて、装置の動作順序をまとめたものが図6-2-3 の動作順序図です。このようなコンベヤとシリンダの装置を制御する状態遷移型のプログラムをつくってみます。

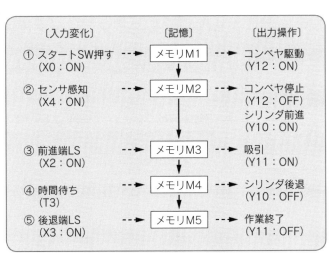

図6-2-3　装置の動作順序図

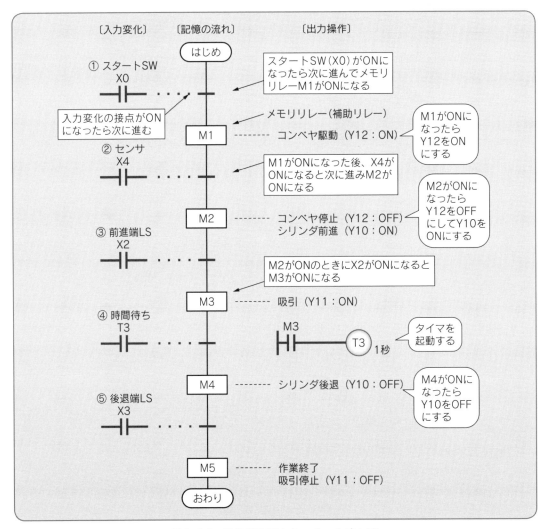

図6-2-4　動作順序図からつくった流れ図

（2）流れ図と状態遷移型のプログラム

　プログラムを組みやすくするために、この動作順序図から流れ図をつくってみると**図6-2-4**のようになります。「流れ図」は入力変化の欄に次のステップに進むための条件を記述し、その条件が整うと次のメモリリレーがONになるように表現します。具体的には、このメモリリレーをM1〜M5の補助リレーで置き換えてプログラムをつくります。すると、結果的に入力が変化するたびにM1→M5の順に補助リレーがONしていくように記述されることになります。

　この流れ図の入力変化の信号は、その次に書かれている補助リレーの自己保持の開始条件になります。また、1つ前のリレーのa接点が次の自己保持の生存条件となるように記述します。すると、状態を記憶する補助リレーは自己保持回路を使って動作順序に従って順番にONしていくようなプログラムになります。出力の切り換えはメモリリレーの接点を使います。

　図6-2-5が状態遷移型のプログラムです。スタートSWを押すたびにコンベヤ上のワークを1つ排出します。

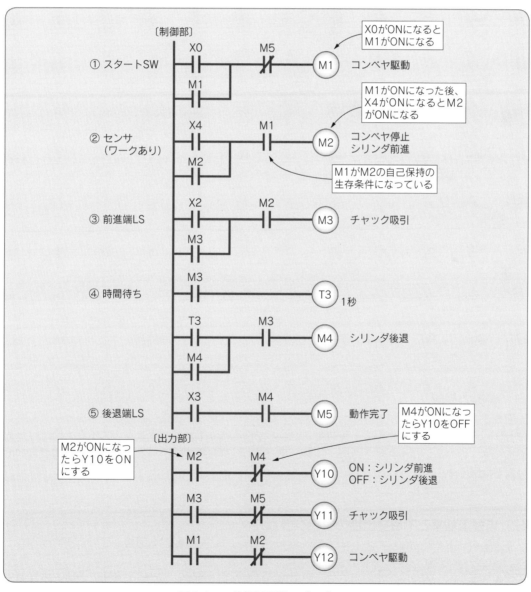

図6-2-5　状態遷移型のプログラム

リミットスイッチがない場合はタイマで置き換える

ベルトコンベヤに流れてくるワークをピック＆プレイスユニットで移載して、回転テーブルに並べていく装置を状態遷移型のプログラムで制御してみましょう。リミットスイッチがない場所の制御はタイマを活用します。

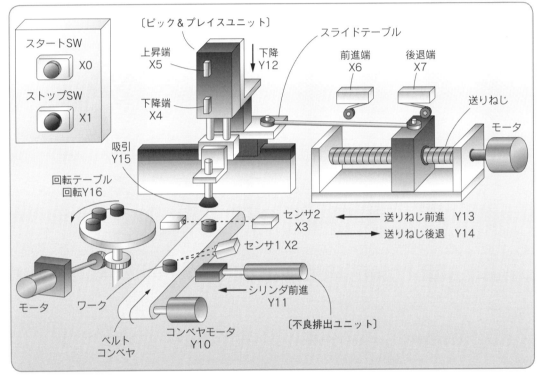

図 6-3-1　良品ワークを回転テーブルに整列する装置

（1）装置の構成

　図 6-3-1 の装置は、ベルトコンベヤでワークを送り、コンベヤ先端にきたワークをピック＆プレイスユニットで回転テーブル上に並べていくものです。ベルトコンベヤの中央に不良排出ユニットがあって、背の高いワークがきたらシリンダが前進し、ワークをコンベヤから落下させます。PLCの配線は図 6-3-2 のようになっています。

　この装置を状態遷移型のプログラムで制御してみます。

（2）自動運転部と不良排出部のプログラム

　まずスタート SW（X0）とストップ SW（X1）を使って自動運転部を図 6-3-3 のようにつくります。M0 が ON している間、装置は動作を連続して繰り返します。

　ベルトコンベヤがワークを搬送して、背の高いワークをセンサ 1（X2）で検出したら、不良排出ユニットのシリンダが前進してワークをコンベヤから落下させます。このシリンダには前進端と後

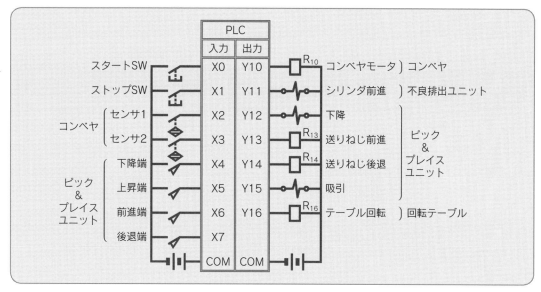

図 6-3-2　PLC 配線図

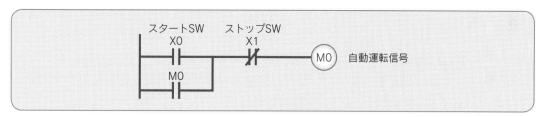

図 6-3-3　自動運転部

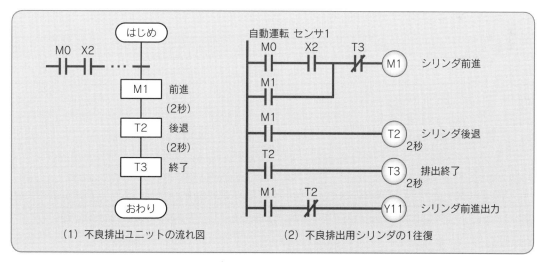

（1）不良排出ユニットの流れ図　　　　（2）不良排出用シリンダの1往復

図 6-3-4　不良排出ユニットの1往復プログラム

退端を検出するリミットスイッチがついていないのでタイマで制御します。前進に2秒、後退にも2秒かかるとすると、**図6-3-4**のようにプログラムできます。

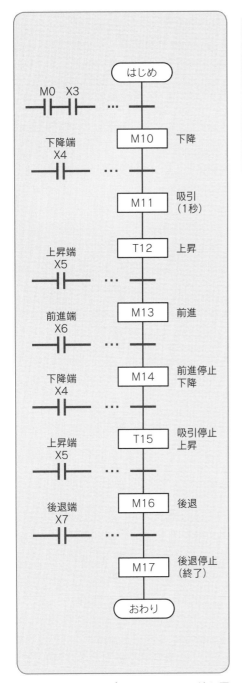

図 6-3-5　ピック＆プレイスユニットの流れ図

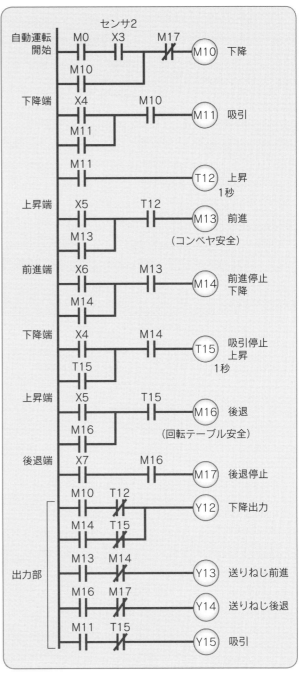

図 6-3-6　ピック＆プレイスのプログラム

（3）ピック＆プレイスユニット部のプログラム

　次にピック＆プレイスユニットの動作を、**図 6-3-5** の流れ図をつくって状態遷移型のプログラムにすると、**図 6-3-6** のようになります。

（4）コンベヤ部のプログラム

　続いてコンベヤ部のプログラムをつくります。自動運転信号 M0 でコンベヤを動かして、センサ信号が入ったら停止します。また、排出ユニットが動作中にはコンベヤを停止します。ピック＆プレイ

スユニットが動作を開始したときにもコンベヤを停止しますが、コンベヤ上での作業が終わって安全な状態になったらコンベヤを動かします。これらの信号をつくってみると**図 6-3-7** のようになります。

　排出ユニットの作業中信号は M1 なので、M1 が ON しているときにはコンベヤを停止します。また、ピック＆プレイスユニットの動作中信号は M10 で、安全な状態になるのは M13 のリレーが ON した以降の状態になるので、コンベヤ駆動許可信号は M21 のようになります。

（5）回転テーブル部のプログラム

　回転テーブルは、ピック＆プレイスユニットがテーブルの上にワークを載せ終わった後、安全な状態になったら 2 秒間回転します。ピック＆プレイスユニットの回転テーブルに対する安全信号は M16 が ON になったときなので、回転テーブルのプログラムは**図 6-3-8** のようにします。

（6）装置全体のプログラム

　図 6-3-3〜図 6-3-8 のプログラムをまとめて 1 つにすると、装置全体を動かす状態遷移型の制御プログラムになります（図 6-3-5 を除く）。

　写真 6-3-1 は、この装置をメカトロニクス技術実習装置 MM3000 シリーズで構成したものです。ベルトコンベヤと不良排出シリンダ、送りねじ駆動のピック＆プレイスユニット、回転テーブルを組み合わせてあります。この装置を使って本稿のプログラムの動作確認を行っています。

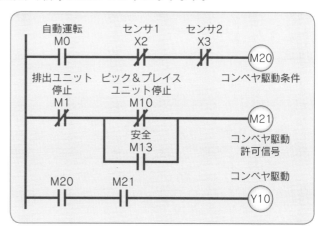

図 6-3-7　コンベヤ駆動のプログラム

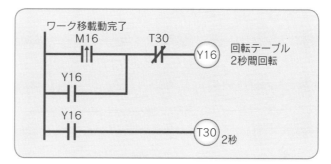

図 6-3-8　回転テーブルのプログラム

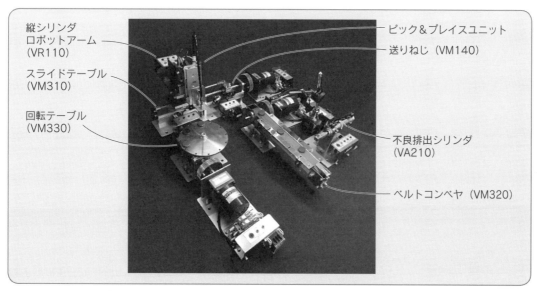

写真 6-3-1　ワークの仕分け・取り出し・整列装置（MM3000 シリーズ）

1つの装置に複数のユニットがあれば ユニットごとにプログラムをつくる

複数のユニットで1つの装置が構成されているときには、ユニットごとに順序制御プログラムをつくります。そしてお互いに干渉せず動作するように信号の受け渡しを行います。

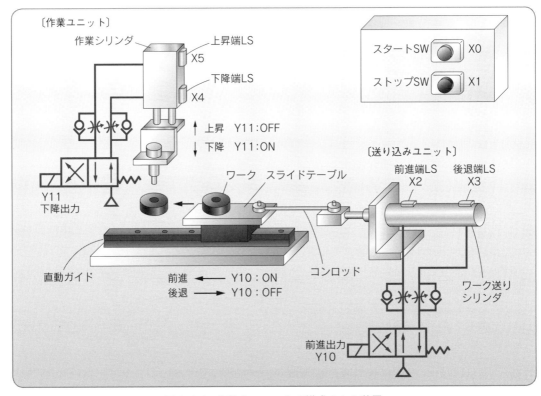

図 6-4-1　複数のユニットで構成された装置

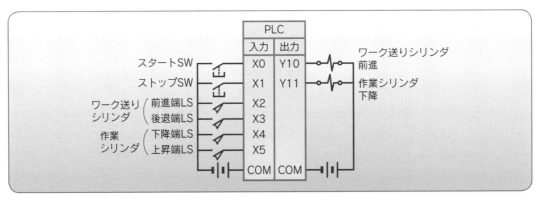

図 6-4-2　PLC 配線図

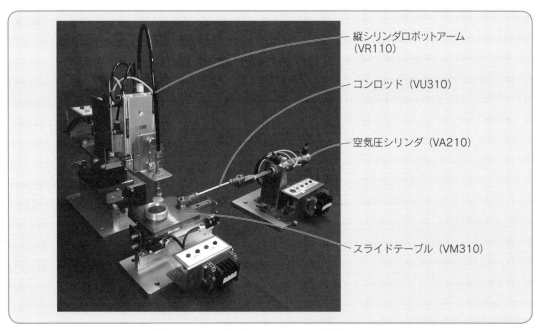

写真 6-4-1　送り込みユニットと作業ユニット

縦シリンダロボットアーム（VR110）

コンロッド（VU310）

空気圧シリンダ（VA210）

スライドテーブル（VM310）

（1）装置の構成と動作順序

　図 6-4-1 は、ワーク送りシリンダでスライドテーブルに載せられた、ワークを横移動する送り込みユニットと、送り込まれたワークに対して、上から作業をする作業ユニットの 2 つのユニットで構成された装置です。

　スタート SW を押すとワーク送りシリンダが前進してワークを作業位置まで移動し、移動が完了すると作業シリンダが下降して下降端の信号が入ったら上昇します。上昇を完了したらワーク送りシリンダが後退します。この動作をするプログラムを考えてみましょう。**写真 6-4-1** は、この装置の制御実験に使ったモデルです。PLC の配線は**図 6-4-2** のようになっています。

（2）1 つのユニットとしたときのプログラム

　2 つのシリンダの動きを 1 つユニットとして状態遷移型でプログラムしてみます。動作順序を流れ図にすると**図 6-4-3** のようになります。この流れ図から状態遷移型のプログラムにしたものが次頁の**図 6-4-4** です。

（3）2 つのユニットとして制御する場合

　この装置は、ワークを横移動する送り込みユニットとワークの上から作業をする作業ユニットの 2 つのユニットでできている考えると、それぞれのユニ

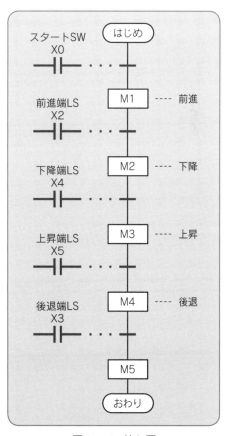

図 6-4-3　流れ図

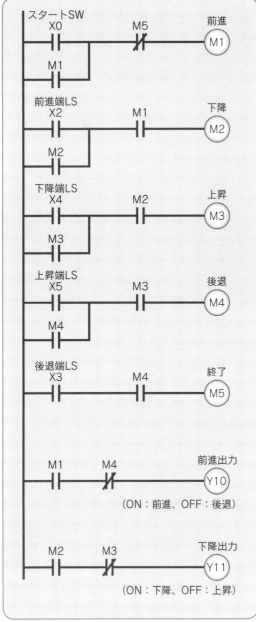

図6-4-4　装置全体を1つのユニットとしたときの
　　　　状態遷移型のプログラム

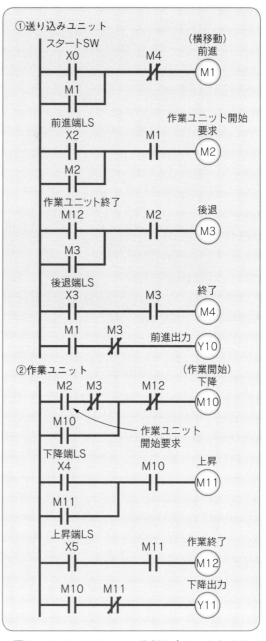

図6-4-5　2つのユニットを組み合わせたときの
　　　　状態遷移型のプログラム

ットを独立した形でプログラムすることになります。

　図6-4-5がそのプログラムで、送り込みユニットのプログラムが①、作業ユニットのプログラムが②に記述されています。

　動作としては、スタート信号（X0）が入るとM1がONになり、まず送り込みユニットが前進します。前進端に到達してM2がONになったときに作業ユニットに開始要求信号を送ります。その後、作業ユニットの動作が完了するとM3がONになるので、送り込みユニットが後退して後退端（X3）に達すると動作を終了します。作業ユニットは、送り込みユニットからM2の開始要求信号をもらった時点でM10が自己保持になって作業を開始し、M12がONしたところで作業が終了します。

第7章

自動供給装置の制御プログラム

ワークの自動供給にはマガジンや各種の搬送機構が使われ、ワークを供給するユニットの構造によって制御方法が変わってきます。ここではワークの自動供給装置を制御するプログラムについて考えてみます。

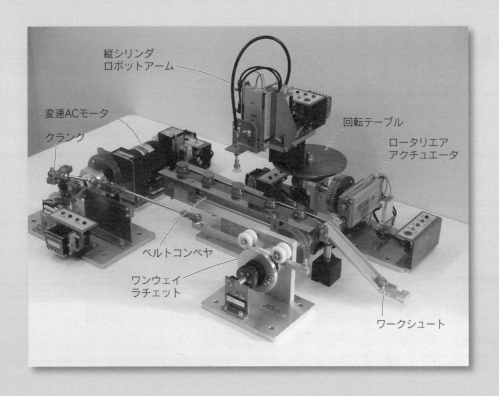

- 縦シリンダ ロボットアーム
- 変速ACモータ
- クランク
- 回転テーブル
- ロータリエア アクチュエータ
- ベルトコンベヤ
- ワンウェイ ラチェット
- ワークシュート

マガジンからのワーク供給はワークセット信号をつくって制御する

マガジンを使ったワーク供給装置からワークを取り出したら、取り出した位置にワークがあることを示すためにワークセット信号をONにします。セットされたワークを移動したらワークセット信号をOFFにして次のワークを供給するように制御します。

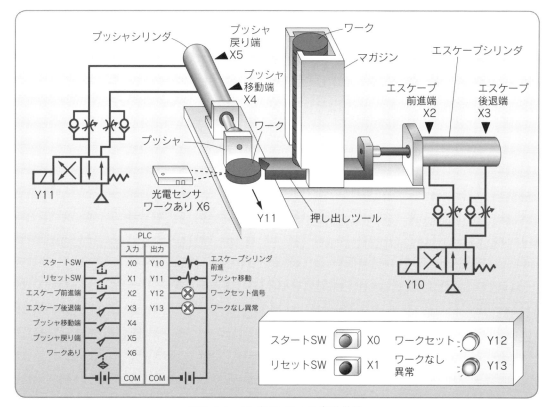

図7-1-1　マガジンによる自動供給

（1）装置の動作順序

　図7-1-1はマガジンに入ったワークを下から1つずつ取り出す装置です。エスケープシリンダが前進すると、マガジン内に重ねられている一番下のワークを押し出しツールで押し出します。押し出しツールが戻ったときに光電センサでワークを検出したら、プッシャシリンダが前進してワークを矢印方向に移動させ、元に戻ります。押し出しツールが戻ったときにワークがなければ「ワークなし異常」ランプを点灯して、異常を表示します。

（2）マガジンからのワーク供給と異常表示のプログラム

　はじめに、マガジンからワークをエスケープして送り出すプログラムをつくってみましょう。マガジンに重ねられたワークを押し出すには、エスケープシリンダが後退端から前進端に移動すればよいので、状態遷移型のプログラムで図7-1-2のように書くことができます。

安全のためM1の自己保持の開始条件に光電センサがOFFになっている条件（X6のb接点）を入れておいてもいいでしょう。

　エスケープシリンダが後退端に戻ったときに、ワークの有無を検出する光電センサ（X6）がONしていれば、図7-1-3のプログラムでワークセット信号Y12をONにします。そのときに、もしワークがなければワークなし異常ランプY13を点灯させます。この異常ランプは実際に異常がないことを確認してからリセットSWで消灯させます。図7-1-4がそのプログラムです。エスケープ動作の終了リレーM3は1スキャンだけONするパルスになっているので、このM3を使ってワークの有無を確認しています。

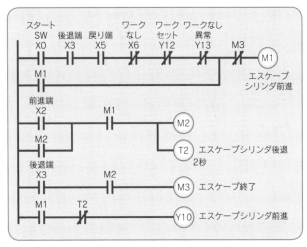

図7-1-2　マガジン内のワークのエスケープ（状態遷移型）

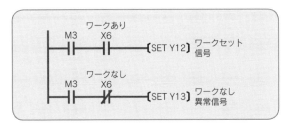

図7-1-3　ワークセット信号とワークなし異常信号

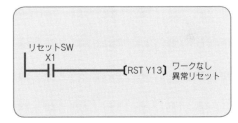

図7-1-4　ワークなし異常のリセット

（3）プッシャシリンダのプログラム

　エスケープが完了した時点でワークセット信号Y12がONになっていたら、プッシャシリンダを1往復してワークを矢印方向に移動します。プッシャシリンダの1往復の状態遷移型のプログラムは図7-1-5のようになります。

　ワークの移動が完了したら、移動完了信号M32がONになるので、図7-1-6のように、この信号でワークセット信号（Y12）をOFFにします。

　図7-1-2から図7-1-6までのプログラムを続けて1つのプログラムにすると、スタートSWを押すたびにマガジンのワークを1つずつ供給するプログラムになります。

　また、スタートSWを押したままにしておくと、一連の動作を繰り返し実行します。

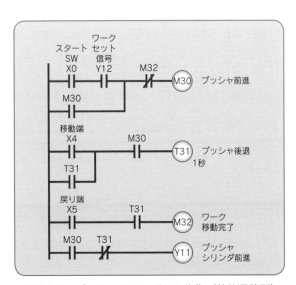

図7-1-5　プッシャシリンダの1往復（状態遷移型）

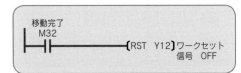

図7-1-6　ワークセット信号のリセット

上面取り出しのマガジンは手動上下スイッチを使ってワークを充填する

上面取り出しのマガジンではワークを上昇させて一番上のワークから順に取り出していきます。ワーク上昇用のラックが最上段まできてワークがなくなったら、手動でラックを下げてマガジンにワークを詰め込みます。

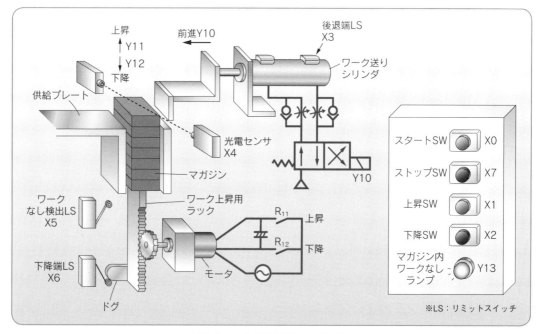

図 7-2-1　上面取り出しマガジン

（1）マガジンの動作

図 7-2-1 の装置はマガジンの中に入っているワークを上から順に自動供給するものです。Y11 を ON にしてモータを回転させて光電センサ（X4）がワークを検出したところで停止します。そこでワーク送りシリンダを前進させると、一番上のワークを供給プレート上に送り出します。

最後のワークを送り出した後、さらにラックが上昇するとラックについているドグがワークなし検出 LS（X5）を ON させるので、ワークがなくなったことがわかります。ワークがなくなったら下降 SW（X2）でラックを下降させ、手動操作でマガジンにワークを詰め込みます。

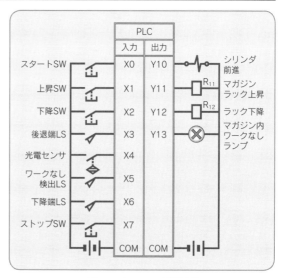

図 7-2-2　PLC 配線図

PLC の配線は**図 7-2-2** のようになっています。

(2) マガジン内のワーク上昇制御

スタート SW（X0）を押したら、ワーク上昇用ラックが上昇して光電センサ（X4）で停止するプログラムは**図 7-2-3**のようになります。この中には手動操作でラックを上下するプログラムも含まれています。

(3) マガジン内ワークなし異常のプログラム

ワーク上昇用ラックのドグがワークなし検出 LS に達したときには「マガジン内ワークなしランプ」を点灯します。このプログラムは**図 7-2-4** のようになります。

(4) ワーク送りシリンダ

次にワーク送りシリンダのプログラムをつくります。

マガジン内のワークを上昇しているときの信号（M1）が ON のときには、ワーク送りができません。また、ワークなし検出 LS（X5）が ON のときと、光電センサ（X4）が OFF のときにもワーク送りができません。

この条件を入れてワーク送りのプログラムを記述すると**図 7-2-5** のようになります。

(5) 連続運転のプログラム

図 7-2-3〜図 7-2-5 を 1 つにまとめたプログラムを実行すると、ラックが上昇してマガジン内のワークを 1 つ供給プレートに送り出す動作をします。スタート SW（X0）を 0N したままにすると、マガジン内のワークを上昇してシリンダで送り出す動作を連続して行います。

そこで**図 7-2-6** の連続運転信号のプログラムを追加して図 7-2-3 と図 7-2-5 の中の X0 の a 接点を M0 の a 接点に置き換えると連続運転ができるようになります。

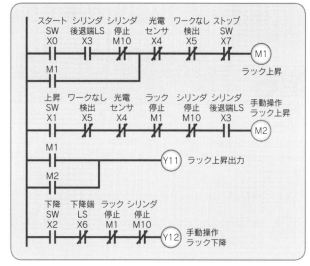

図 7-2-3　マガジンの制御プログラム

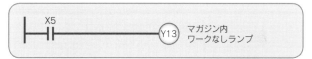

図 7-2-4　マガジン内ワークなしランプ

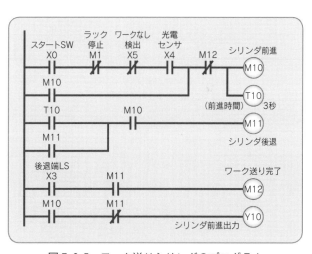

図 7-2-5　ワーク送りシリンダのプログラム

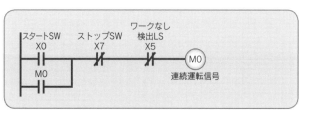

図 7-2-6　連続運転信号のプログラム

ワークを供給するタイミングに満杯センサを使うときには満杯信号をオフディレイにする

コンベヤ上にワークを供給するときには、コンベヤの供給位置にワークがないことを満杯センサで確認します。満杯センサを安定して使うためにオフディレイタイマを使います。

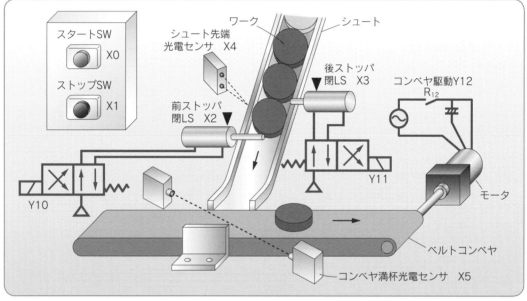

図7-3-1　2つのシリンダで1つずつワークを供給する装置

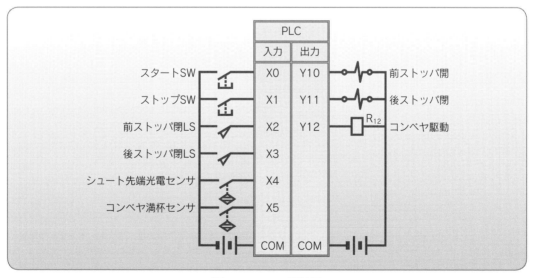

図7-3-2　PLC配線図

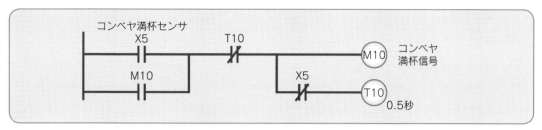

図7-3-3　オフディレイタイマを使った満杯信号

　図7-3-1は、傾斜シュートのワークを2つのシリンダを使って1つずつベルトコンベヤ上に供給する装置です。コンベヤが動いて、コンベヤ上にワークがなくなったら、シュートから1つワークを供給します。PLCの配線は図7-3-2のようになっています。

（1）コンベヤ満杯センサ

　コンベヤの満杯信号は、コンベヤ満杯センサ（X5）を使います。このセンサが不安定だとセンサ

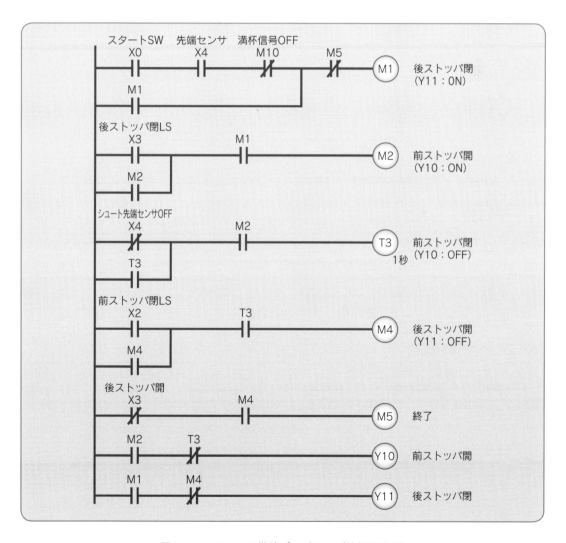

図7-3-4　ワークの供給プログラム（状態遷移型）

信号が一瞬 OFF になった瞬間にワークがシュートから送られてきてしまいます。特にベルトコンベヤの上は平らではなく、波を打っていることもありますから、ぎりぎりにセンサを設定していると、ワークがあってもセンサ信号が一瞬 OFF になることがあります。このようなときはタイマを使ってセンサ信号をオフディレイにします。

　図 7-3-3 は、コンベヤ満杯センサ（X5）をオフディレイにしたもので、X5 のセンサが 0.5 秒より短い時間 OFF になっても、満杯信号 M10 は OFF になりません。M10 をコンベヤの満杯信号として使えば、多少 X5 のセンサがチャタリングを起こしても、満杯信号はすぐには OFF になりません。

（2）シュートとストッパ

　シュートには、前ストッパと後ストッパの 2 つのワークストッパがついています。初期状態では前ストッパは閉じていて、後ストッパは開いています。シュートのワークを 1 つ送るには、まず後ストッパを閉じて 2 個目のワークを押さえておき、前ストッパを開くようにします。前ストッパの位置にあったワークがなくなったら、前ストッパを閉じてから後ストッパを開きます。

　コンベヤが満杯でないときにワークを供給するプログラムは図 7-3-4 のようになります。

（3）コンベヤ満杯センサが ON のときはワークを送る

　シュートからワークが送られてきて、コンベヤ満杯センサが ON になったら、コンベヤを動かしてコンベヤ満杯センサが OFF になったところで停止します。このプログラムは、図 7-3-5 のようになります。

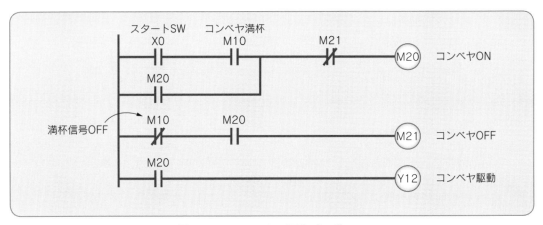

図 7-3-5　コンベヤの駆動プログラム

（4）コンベヤ満杯信号

　ここではコンベヤ満杯信号に図 7-3-3 のオフディレイタイマを使いましたが、満杯信号 M10 を図 7-3-6 のようなプログラムにしても同様な効果が得られます。このプログラムでは、コンベヤ満杯センサ X5 が 0.5 秒以上 OFF にならないと T10 は ON になりません。T10 が ON でないときには、コンベヤ上にワークがあると判断しているリレーが M10 ということになります。図 7-3-3 のプログラムを図 7-3-6 に置き換えても同じような動作になります。

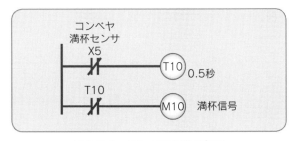

図 7-3-6　コンベヤの満杯信号

回転テーブル型マガジンで供給位置にワークがないときにはスキップする

回転テーブル型のマガジンでワークを供給します。回転テーブルを回して回転テーブルの位置決め用リミットスイッチが ON になったときに、供給位置にワークがあれば回転テーブルを停止してワークの供給作業を行います。ワークがなければ供給動作をせずにスキップして次に送ります。

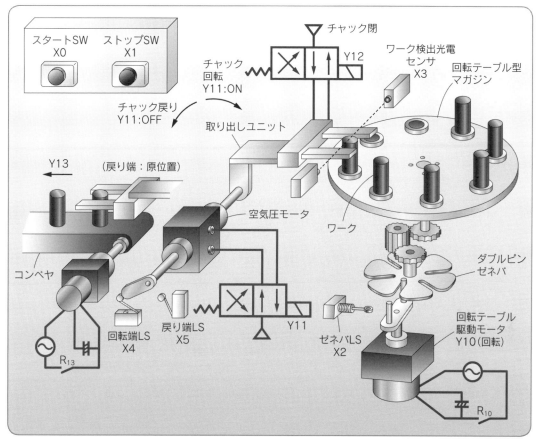

図 7-4-1　回転型マガジンによるワーク自動供給装置

（1）装置の構成

　図 7-4-1 の装置は、テーブルの上に等間隔でワークを並べた回転テーブル型のマガジンを使ったワークの自動供給装置です。装置と PLC の配線は図 7-4-2 のようになっています。装置の実際の構成は写真 7-4-1 のような配置になっています。

　回転テーブルを回してワークが供給位置にセットされたら、空気圧モータで旋回するチャックユニットでワークを反転取り出ししてコンベヤ上に供給します。取り出しユニットの原位置はコンベヤ側にチャックがあり、戻り端 LS（X5）が ON になっていてチャックは開いている状態です。

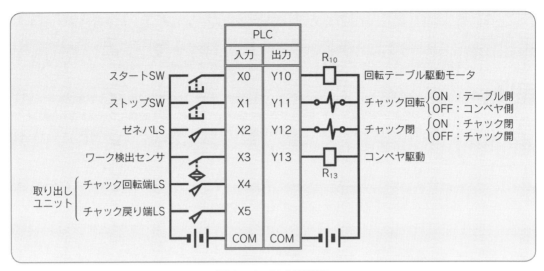

図 7-4-2　PLC 配線図

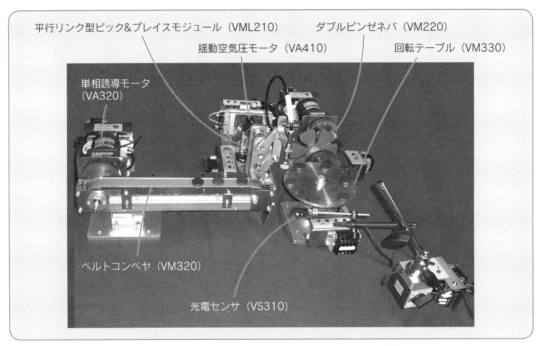

写真 7-4-1　回転テーブル型マガジンによる自動供給装置

（2）装置の動作順序

出力Y10をONにして回転テーブル駆動モータをONにすると、ダブルピンゼネバが回転して、回転テーブルを角度分割駆動します。ダブルピンゼネバの停止位置であるゼネバLS（X2）がONになったときに、ワーク検出センサ（X3）がワークを検出したら、出力Y10をOFFにして回転テーブルを停止します。

回転テーブルが停止してワークがセットされたら、取り出しユニットのチャックが回転し、テーブル側に移動してワークをチャックしてからコンベヤ側に回転戻り動作をします。コンベヤの上でチャックを開き、コンベヤを2秒間動かしてコンベヤ上にワークを並べていきます。

（3）制御プログラム

このプログラムは図 7-4-3 のようになります。スタート SW（X0）を押すと自動運転開始リレー M0 が ON になります。つづいて M1 が ON になるとテーブルが回転して、ゼネバ LS（X2）とワーク検出センサ（X3）が同時に ON になったら M2 が ON になって停止します。チャックを回転テーブル側に回転して、M3 が ON になったら、チャックを閉じてからコンベヤ側に戻ります。M4 が ON になったら、コンベヤ上でチャックを開いて取り出しユニットの動作を完了します。1 秒後に M10 が ON になるのでコンベヤを 2 秒間駆動して一連の動作を終了します。

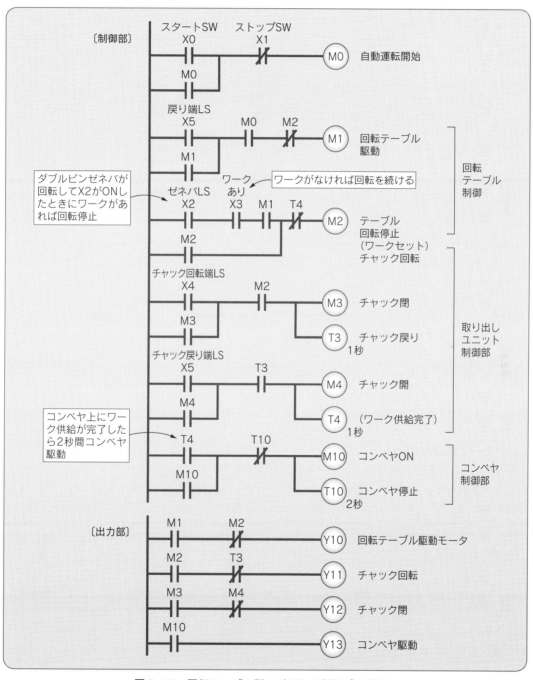

図 7-4-3　回転テーブル型マガジンの制御プログラム

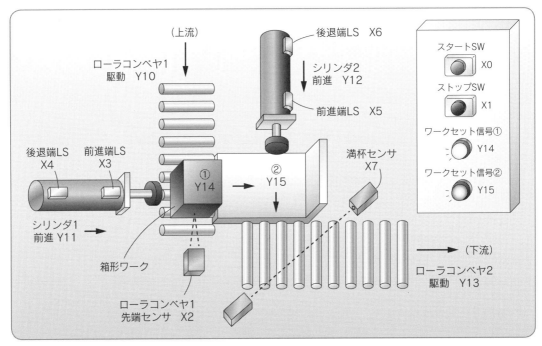

自動供給

定石 7-5

複数のコンベヤでワークを効率よく送るにはワークセット信号を使う

コンベヤシステムでワークを送る場合には、送り端に達したときにワークがその場所にセットされたことがわかるように、ワークセット信号を使います。その場所からワークを移動したときにワークセット信号を解除します。

図 7-5-1　箱形ワーク搬送システム

（1）ワークの移動順序

　図 7-5-1 は、箱型のワークを上流から下流に順次移動する装置を上から見た図です。PLC の配線は図 7-5-2 のようになっています。

　ローラコンベヤ 1（Y10）で送られてきたワークは、ローラコンベヤ 1 先端センサ（X2）で停止します。この位置に停止したとき、ワークセット信号①（Y14）をセットします。

　次にワークセット信号①が ON のときに、シリンダ 1（Y11）が前進してワークを②の位置に移動させ、移動が完了したらワークセット信号②（Y15）をセットします。この時点で①の場所にはワークがないので、ワークセット信号①はリセットします。ローラコンベヤ 1 の先端にワークがあっても、ワークセット信号②が ON しているときは、シリンダ 1 は前進できないようにしておきます。

　満杯センサ（X7）が OFF になっていて、ローラコンベヤ 2 にワークがない状態でワークセット信号②が ON しているときには、シリンダ 2（Y12）が前進して②のワークをローラコンベヤ 2 の上に移動します。満杯センサ（X7）が ON になったら、ローラコンベヤ 2（Y13）が動いてワークを送り出します。

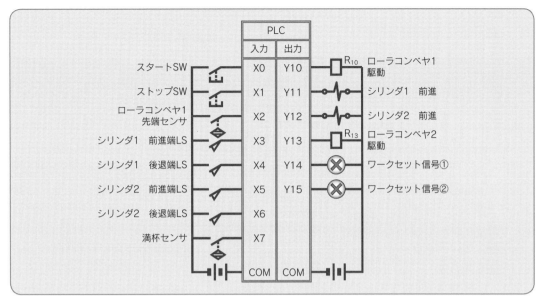

図 7-5-2　PLC 配線図

（2）制御プログラム

　この制御を自己保持型の制御構造でプログラムにしてみると、次ページの**図 7-5-3** のようになります。

　［1］のプログラムは、連続して装置を動かすための自動スタート信号です。スタート SW（X0）で運転を開始してストップ SW（X1）で停止します。

　［2］のプログラムの M1 にはローラコンベヤ 1 が動くための条件が記載されています。Y14 が OFF であれば①の場所にワークがセットされていないことを表しています。さらにローラコンベヤ 1 の先端センサ（X2）が OFF の条件と、シリンダ 1 が動作中でないことを表す M20（シリンダ 1 安全信号）が条件に入っています。M1 の条件が整ったら Y10 を ON にしてローラコンベヤ 1 の駆動リレー R_{10} を ON にします。その後、ローラコンベヤ 1 先端センサ（X2）が ON になったらローラコンベヤ 1 を停止して、ワークセット信号①（Y14）をセットします。

　［3］のプログラムは、①の場所にあるワークをシリンダ 1 で②の場所へ送り出すものです。ワークセット信号①（Y14）が ON になっていて、②の場所にワークがない（Y15：OFF）状態で、シリンダ 2 が動作しておらず安全ならば（M30：ON）、シリンダ 1 を前進することができます。シリンダ 1 の 1 往復は Y11 の自己保持回路で記述してあります。シリンダ 1 の前進端（X3）の信号が ON になったらワークが②の場所に移動したことになるので、X3 のパルスでワークセット信号①（Y14）をリセットして、ワークセット信号②（Y15）をセットします。

　［4］のプログラムでは、②の場所にワークがあって（Y15：ON）、満杯センサの場所にワークがなく（X7：OFF）、シリンダ 1 が停止していて安全という条件（M20：ON）のとき、Y12 を ON にしてシリンダ 2 を前進するようになっています。シリンダ 2 の前進端（X5）が ON したらシリンダを後退して、ワークセット信号②（Y15）をリセットします。

　［5］のプログラムでは、ローラコンベヤ 2 の満杯センサ（X7）が ON になっているときに、シリンダ 2 が停止していて安全ならば（M30：ON）ローラコンベヤ 2（Y13）を駆動して、ワークを送り出すようにしています。

　［6］はシリンダ 1 の安全信号（M20）で、シリンダ 1 の出力（Y11）が OFF で後退端の信号（X4）が入っているときに、シリンダ 1 が原点で停止しているので、シリンダ 1 が安全な状態であると判断しているものです。

　［7］はシリンダ 2 の安全信号（M30）です。

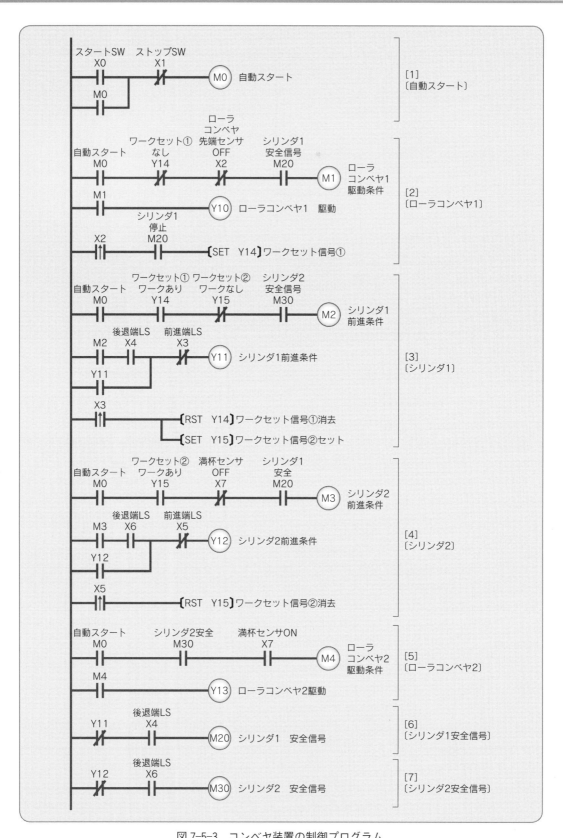

図 7-5-3　コンベヤ装置の制御プログラム

第8章

検査装置の制御プログラム

ワークの不良信号や重量検査の信号などを検出し、判定や補正を行う自動化装置の制御プログラムについて考えてみます。センサを使って、ワークの検査をしたり、タイマを使った不良の検出や、天秤を使って重量補正をする装置などの具体例を使って、ワークを自動で検査するときのプログラムのつくり方を解説します。

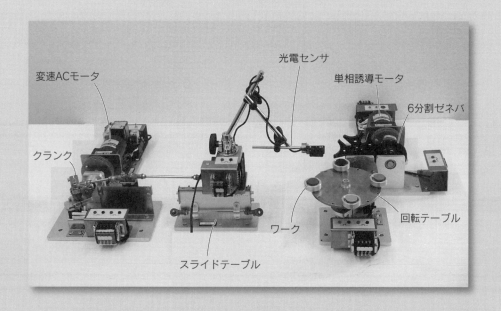

変速ACモータ

クランク

スライドテーブル

光電センサ

ワーク

単相誘導モータ

6分割ゼネバ

回転テーブル

検査装置

定石 8-1

検査エリアを通過したときに良品信号が入っていなければ不良と判断する

ワークの不良箇所を直接検出することが難かしい場合には、良品であることを検出して、検査終了時に良品信号が入っていなければ不良品と判断します。移動中にワークの検査を行うときには、検査エリアを出るときに良品信号が入っていなければ不良品と判断します。

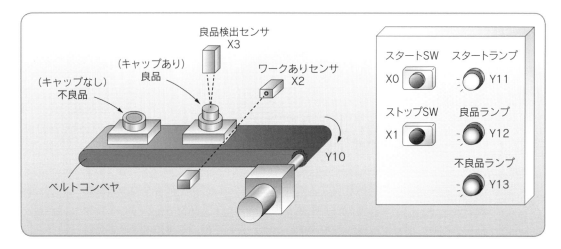

図 8-1-1　コンベヤ搬送型の検査装置

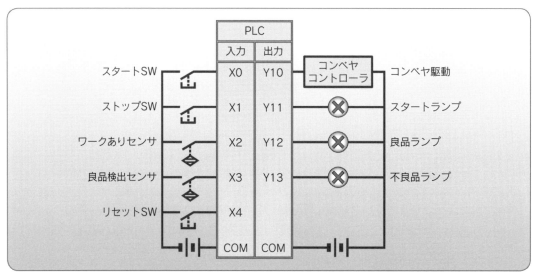

図 8-1-2　PLC 配線図

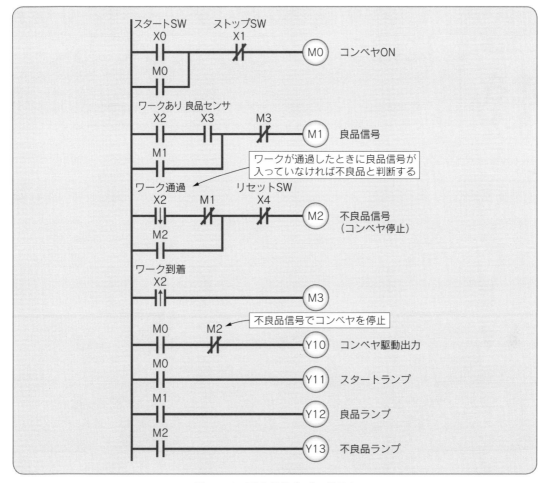

図 8-1-3　不良品検査プログラム

（1）検査装置の動作

図 8-1-1 は、ワークがセンサの位置を通過する間に、ワーク上面のキャップの有無を検査する装置です。PLC の配線は図 8-1-2 のようになっています。

ワークありセンサが ON になっている間に、一度でも良品検出センサが ON になったら、良品と判断します。良品の場合にはそのままワークを送り出しますが、不良品の場合はコンベヤをいったん停止します。コンベヤが停止したら、オペレータが不良の状態を確認してからリセットスイッチで不良品信号を解除し、コンベヤを再起動します。

（2）制御プログラム

この動作をプログラムにすると図 8-1-3 のようになります。スタート SW を押すと M0 が ON になり、コンベヤ Y10 が起動します。ワークありセンサ X2 が ON しているときに良品センサ X3 がON になったら、良品として M1 を自己保持にします。ワークが検査エリアを通過し、ワークありセンサ X2 が OFF になったときに良品信号 M1 が ON していなければ、不良品と判断して M2 を自己保持にし、不良品ランプ Y13 を点灯してコンベヤを停止します。リセット SW（X4）で不良品信号M2 の自己保持を解除すると、再びコンベヤが動き出します。

不良品を出さないためには、この例のようにオペレータが状況を確認して対処するか、不良品を自動排出するように装置を構成します。

センサを移動して検査するにはワークを停止しておく

センサを移動して検査する場合には、ワークとセンサが安定して停止している状態をつくって良・不良の判定をします。検査の終了時に良品と不良品の判定を行います。

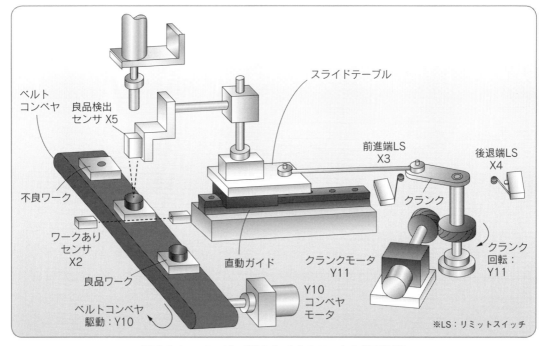

図 8-2-1　コンベヤで送られてくるワークの検査装置

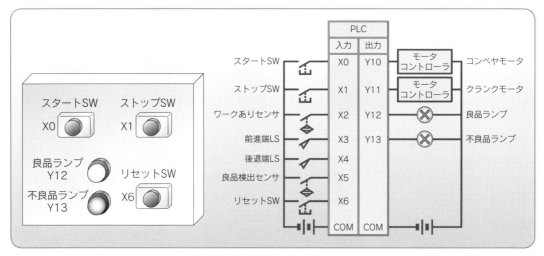

図 8-2-2　操作パネルと PLC 配線図

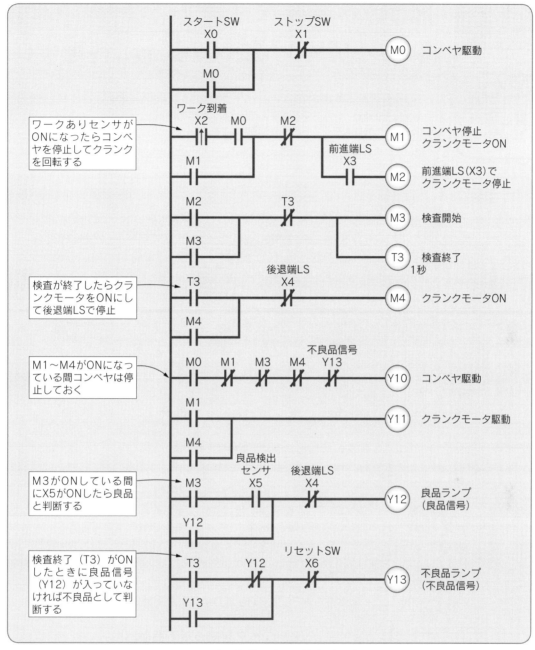

以下はラダー図内のラベル：

スタートSW X0　ストップSW X1　(M0) コンベヤ駆動
M0

ワークありセンサが
ONになったらコンベ
ヤを停止してクランク
を回転する

ワーク到着 X2　M0　M2　(M1) コンベヤ停止
クランクモータON
前進端LS X3
M1　(M2) 前進端LS(X3)で
クランクモータ停止

M2　T3　(M3) 検査開始
M3　(T3) 検査終了 1秒

検査が終了したらクラ
ンクモータをONにし
て後退端LSで停止

後退端LS X4
T3　(M4) クランクモータON
M4

M1〜M4がONになっ
ている間コンベヤは停
止しておく

不良品信号
M0　M1　M3　M4　Y13　(Y10) コンベヤ駆動
M1　(Y11) クランクモータ駆動
M4

M3がONしている間
にX5がONしたら良品
と判断する

良品検出
センサ　後退端LS
M3　X5　X4　(Y12) 良品ランプ
(良品信号)
Y12

検査終了（T3）がON
したときに良品信号
（Y12）が入っていな
ければ不良品として判
断する

リセットSW
T3　Y12　X6　(Y13) 不良品ランプ
(不良品信号)
Y13

図8-2-3　自己保持回路型の検査プログラム

　図8-2-1は、コンベヤで送られてくるワークの検査をする装置です。操作パネルとPLCの配線は図8-2-2のようになっています。良品検出センサはクランクで前後に移動するようになっています。ワークありセンサX2がワークを検出して、コンベヤY10が停止すると、良品検出センサX5がワークの上に移動して1秒間の検査を行ってから後退します。

　1秒間の検査時間中に良品検出センサがONになれば良品として判断し、良品ランプY12をONにします。検査終了時に良品信号Y12が入っていなければ、不良品ランプY13を点灯します。検査が終了してクランクが後退端X4に戻ったら、ワークを送り出して次のワークの到着待ちになります。

　このプログラムを自己保持回路型で記述すると図8-2-3のようになります。

定石 8-3

押し込みユニットは前進端のリミットスイッチが働かないときに不良品と判定する

シリンダでワークを押しつけるとき、ワークが規格より大きかったり、ワークが2個重なったりすると、シリンダ前進端リミットスイッチが働かなくなります。そのリミットスイッチの特性を使って不良品の判定をします。

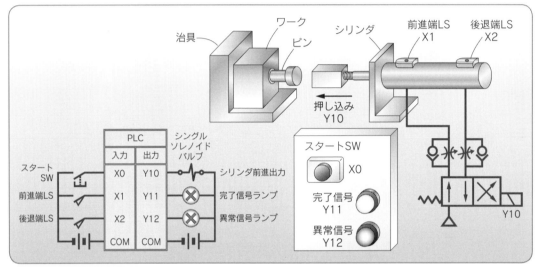

図 8-3-1　シリンダによる押し込み装置

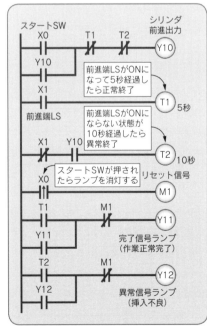

図 8-3-2　ピン押し込み動作のプログラム

(1) シリンダでピンをワークに押し込む動作

図 8-3-1 は、シリンダを使ってピンをワークに押し込む装置です。スタート SW（X0）が押されると、シリンダが前進して5秒間押しつけたあとで後退します。

ところがシリンダでピンを押したときに、ピンが固くて押し込めなかったりすると、前進端 LS の X1 が ON にならず、Y10 が ON したまま動かなくなります。

(2) タイマを使った不良検出

このようなときにはタイマを使って、10秒間経過しても前進端 LS（X1）が ON にならないときにシリンダ前進出力を OFF にして、シリンダを元に戻すようにします。

このときには、ピンがワークに入らずに不良となるので、Y12 を ON にして異常信号を出すようにします。

これらの条件を入れたプログラムが図 8-3-2 です。

T1 が ON になったときには完了信号ランプ Y11 を ON にして、T2 が ON になったときには異常信号ランプ Y12 を ON にしています。各信号は次のスタート信号 X0 が ON したときに、リレーM1 を使ってリセットしています。

ワークの段差の有無検査では
ワーク基準面からの差を検出する

ワークの段差の有無を調べるときには、ワーク全体の厚みやワークが置かれている状況に左右されないように、ワークの基準面からの差を検出するようにします。近接センサを使うときには、センサ信号が安定する時間をおいてから判定します。

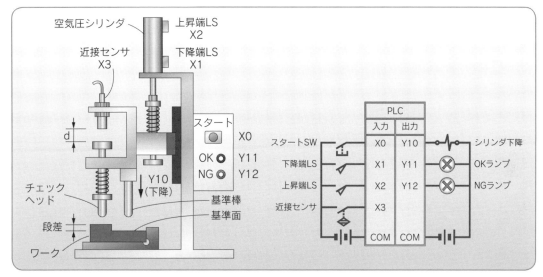

図 8-4-1　ワークの段差チェック装置

図8-4-1は、シリンダで上下動作をするワークの段差チェック装置です。シリンダが下降するとワークの基準面に基準棒が当たり、その時にチェックヘッドが段差の上面に接触するので、段差の分だけ近接センサとの距離dが短くなって近接センサがONになります。段差の小さい不良ワークの場合は、dの距離が長くなるので近接センサはONになりません。

図8-4-2のプログラムでは、スタートSW（X0）を押してシリンダが下降し、タイマT1がONしてからT2がONになるまでの2秒間に近接センサ（X3）がONになったら良品と判断してOKランプ（Y11）を点灯します。T2がONになったとき、Y11がOFFならばNGランプ（Y12）を点灯します。

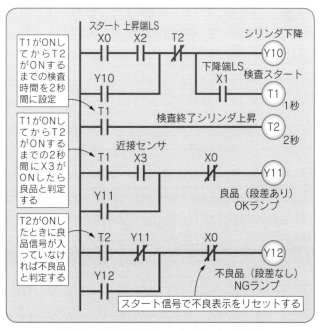

図 8-4-2　段差をチェックするプログラム

重さを測りながら充填するには
1サイクルのはじめに重さを判定する

定石 8-5

電子天秤を使って重さを測りながら1つずつワークを供給する重量補正の装置を制御するプログラムを考えてみます。補正をしながら目的の重さの範囲に入ったら供給を終了します。

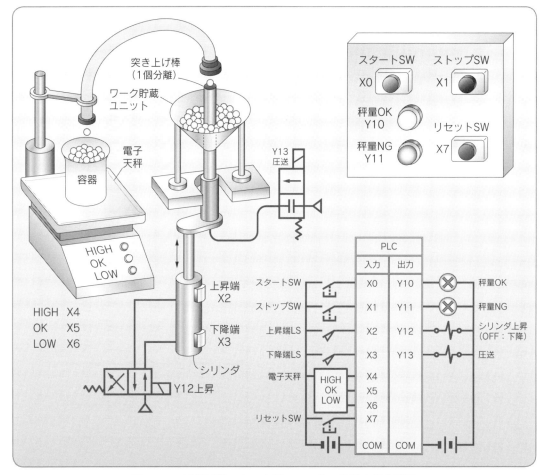

図 8-5-1　電子天秤の上の容器にワークの供給を行う装置

（1）電子天秤を使った自動秤量

　図 8-5-1 は、ボール型のワークをすり鉢状のワーク貯蔵ユニットから1個ずつ中空の突き上げ棒で分離し、下から圧縮空気を送り込み、電子天秤の上に乗せた容器に充填供給する装置です。電子天秤は、目標とする重さの範囲に入っていたら OK 信号を出し、それより軽ければ LOW を、重ければ HIGH の信号を出すように設定しておきます。LOW の信号が出ている間は容器の中のワークの数が足りないので、ワークの供給動作を繰り返し、OK の信号が出たところで動作を終了します。HIGH の信号が出たときは異常と判断します。

（2）状態遷移型のプログラム

　この動作を状態遷移型のプログラムで記述すると**図 8-5-2**のようになります。ワークを供給する前（1 サイクルのはじめ）に OK か NG（HIGH）かのチェックをしています。秤量出力が LOW のときには M1 が ON になり、ワークを 1 つ供給します。ワークを 1 つ入れてみて、入れ終った信号（M4）が ON したときに OK/NG の信号をチェックする方法も考えられますが、最初から OK であったり、HIGH であったときにワークを余分に入れてしまうので、プログラムをつくるときは注意します。

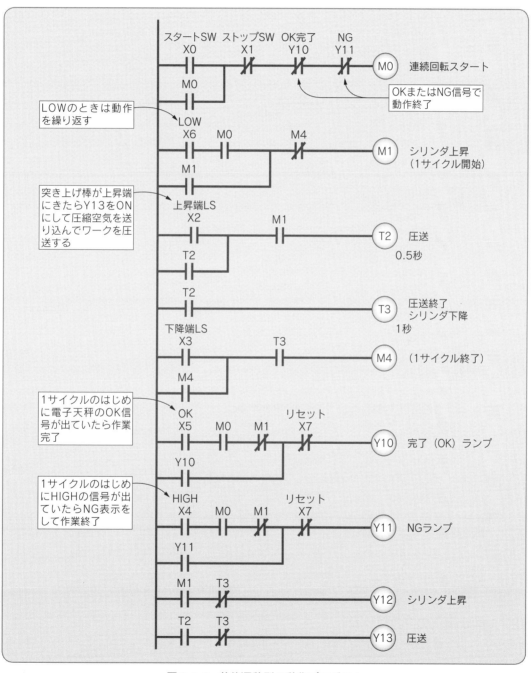

図 8-5-2　状態遷移型の動作プログラム

定石 8-6

インデックス搬送型の検査装置ではインデックス送りが完了した信号でワークのチェックを行う

モータを使った一定間隔のピッチ送りをするインデックス搬送型の検査装置では、モータ出力軸を1回転して停止するように制御プログラムをつくり、停止時間内にワークの検査をします。

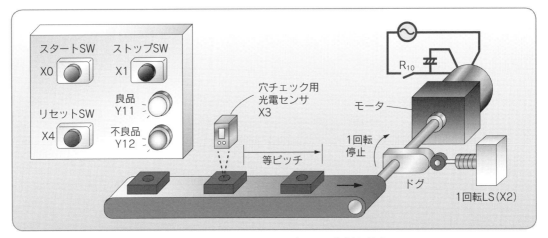

図 8-6-1　コンベヤのインデックス搬送と検査

(1) 装置の構成と機能

図 8-6-1 は、コンベヤにつけられたモータを1回転して停止することで、コンベヤ上のワークを等ピッチで送る装置です。PLC の配線は図 8-6-2 のようになっています。コンベヤが止まったところで、穴チェック用光電センサでワークに穴があいているかを検査します。コンベヤ停止位置でセンサが ON ならば良品、OFF ならば不良品と判断して、ランプに表示します。不良品の場合はリセットスイッチを押して再起動します。

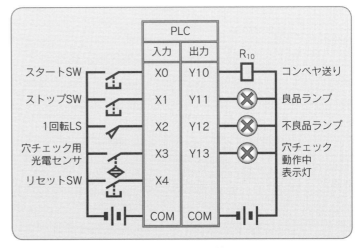

図 8-6-2　PLC 配線図

(2) 1回転停止のプログラム

モータの出力軸を1回転で停止するには、ドグが1回転したことを検出します。ドグの動作は1回転 LS（X2）で検出します。モータが回転を始めてから1回転するまでに、X2 は ON → OFF → ON と変化します。そこで X2 が OFF から ON に変化したタイミングでモータを停止します。スタート

SW（X0）を押したらモータを1回転で停止するには、**図8-6-3**のような状態遷移型のプログラムにします。

穴チェックの結果、不良品の判定になったときには不良品ランプ（Y12）を点灯します。このときには不良品ランプがリセットされて消灯するまでコンベヤはスタートできません。また、穴チェックユニットが動作中（Y13がON）のときにもコンベヤはスタートできません。

（3）穴チェックのプログラム

モータが停止してからコンベヤが完全に止まるまで1秒間かかるとすると、1秒待ってからワークの穴チェックを行うことになります。

1回転停止の終了信号は図8-6-3のM3です。M3は1スキャンだけONするパルスになります。そ

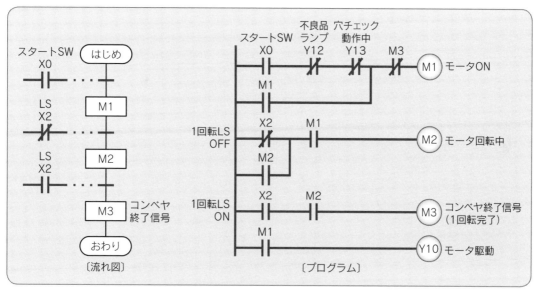

図8-6-3　状態遷移型の1回転停止プログラム

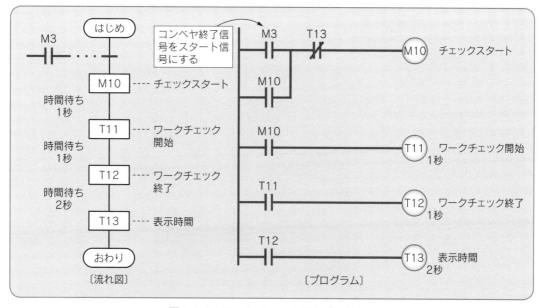

図8-6-4　ワークチェック部のプログラム

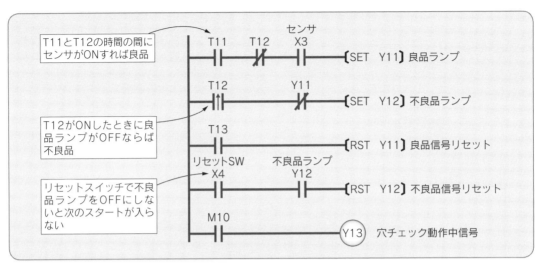

定石 8-6 インデックス搬送型の検査装置ではインデックス送りが完了した信号でワークのチェックを行う

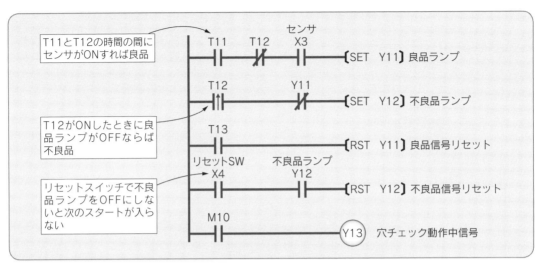

図 8-6-5　検査結果の表示と動作中信号のプログラム

こで穴をチェックするプログラムのスタート信号に M3 を使うことにします。

　M3 をスタート信号にして、1秒後に穴の有無をチェックするタイミングをつくるプログラムは**図 8-6-4** のようになります。スタート 1 秒後の T11 が ON になってから T12 が ON になるまでの 1 秒間の間に、センサ X3 が ON になれば良品と判断して、良品ランプ Y11 を ON にします。

　T12 が ON になったときに Y11 が ON になっていなければ不良品と判断して、不良品ランプ Y12 を ON にします。

　この検査結果を表示するプログラムは**図 8-6-5** のようになります。

(4) 連続運転のプログラム

　図 8-6-3～図 8-6-5 のプログラムを続けて書くと、スタート SW が押されたときにコンベヤをインデックス送りしてワークを検査結果を表示するプログラムになります。

　連続して動作させるときには**図 8-6-6** の自動スタート信号のプログラムを追加して、図 8-6-3 の X0 を M0 に書き換えます。

　写真 8-6-1 は、コンベヤ上のワークを等ピッチで移動するインデックス搬送型のワーク検査装置の実験モデルです。

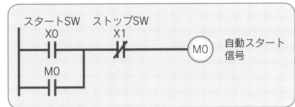

図 8-6-6　自動スタート信号のプログラム

写真 8-6-1　インデックス搬送型ワーク検査装置

第9章

インデックス搬送型自動化装置の制御プログラム

等ピッチでワークを送るインデックス搬送機能をもった自動化装置の制御プログラムについて考えてみます。

ワークを一定のピッチで送って停止する間欠駆動の位置決めの方法や、ゼネバなどの間欠メカニズムの使い方や、ピッチ送りされたワークに対して毎回確実に作業を行う作業ユニットの制御プログラムについて解説します。

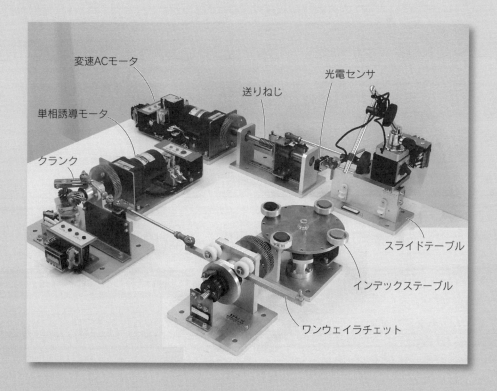

変速ACモータ

送りねじ

光電センサ

単相誘導モータ

クランク

スライドテーブル

インデックステーブル

ワンウェイラチェット

コンベヤを一定時間で間欠送りするにはタイマを組み合わせる

タイマを使ってコンベヤを一定時間の送りと停止を繰り返す間欠駆動をする制御方法を考えてみます。

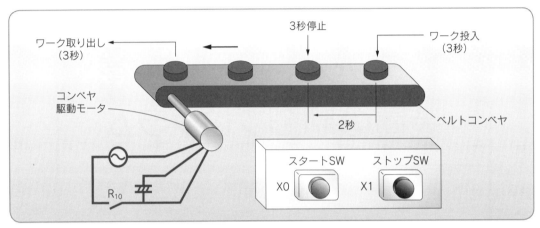

図 9-1-1　間欠送りを行うコンベヤ装置

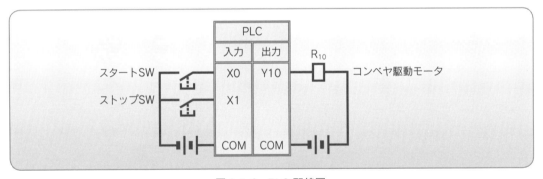

図 9-1-2　PLC 配線図

(1) コンベヤの間欠送り動作

　図 9-1-1 は、決められた時間間隔で送りと停止を繰り返すコンベヤの間欠送りをする装置です。PLC の配線は図 9-1-2 のようになっていて、コンベヤの両端でワークの投入と取り出しを行います。スタート SW（X0）を押したらコンベヤの運転が開始して、2 秒の送りと 3 秒の停止を繰り返すようにします。

(2) 制御プログラム

　まず、スタート SW（X0）を押したとき、モータを 2 秒間駆動するには図 9-1-3 のプログラムにします。これに続いて 3 秒間の待ち時間をタイマ T3 でつくって追加したものが図 9-1-4 です。
　M1 が ON してから T3 が ON するまでを 1 サイクルとして、T3 の接点で M1 の自己保持を解除し

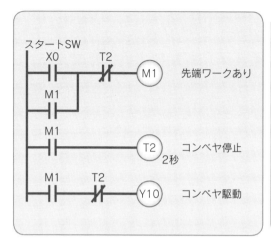

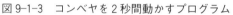

図 9-1-3　コンベヤを 2 秒間動かすプログラム

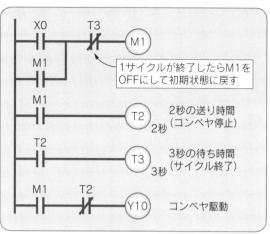

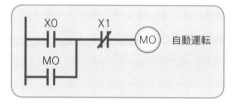

図 9-1-4　3 秒の待ち時間を追加したプログラム

ています。このように休止時間を含めて 1 サイクルの
動作と考えることが重要です。

（3）自動運転による連続動作

このプログラムで X0 を ON にしたままにするとコ
ンベヤの 2 秒送りと 3 秒停止を繰り返します。そこで
図 9-1-5 のように、自動運転の信号 M0 をつくって図
9-1-4 の X0 と置き換えると連続した動作になります。

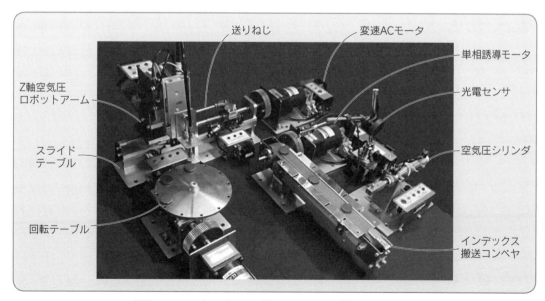

図 9-1-5　自動運転信号

ストップ SW（X1）が押されたら自動運転を停止します。

このように時間の経過を使って制御するときには、タイマを連結するプログラム構造にします。

写真 9-1-1 は、汎用モータで駆動するコンベヤとピック＆プレイスユニット、インデックス送り
をする回転テーブルを組み合わせた実験装置です。コンベヤでインデックス送りされたワークを順
番に回転テーブル上に並べていきます。

写真 9-1-1　インデックス送りコンベヤを使った実験装置

インデックス型自動機はユニットごとに原位置信号をつくって制御する

回転型のインデックステーブルによるワーク搬送と複数の作業ユニットでできている装置を効率よく動かす制御プログラムのつくり方について考えてみます。

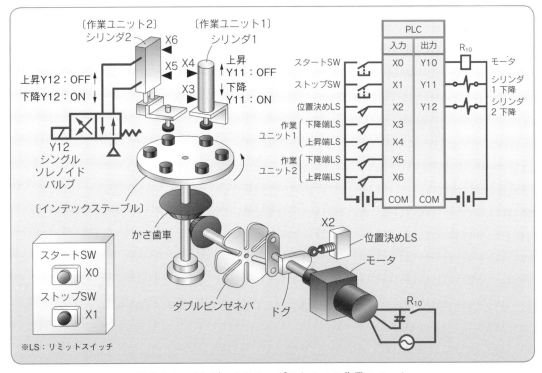

図 9-2-1　インデックステーブルと 2 つの作業ユニット

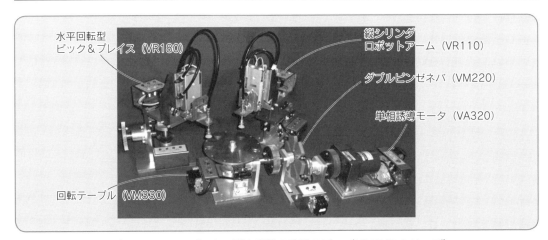

写真 9-2-1　インデックス型自動機の実験モデル（MM3000 シリーズ）

（1）装置の構造

図 9-2-1 は、ダブルピンゼネバによる回転角度分割型のインデックステーブルを使って、ワークを搬送するインデックス型自動機です。ダブルピンゼネバをモータで駆動して1ピッチ送ると、インデックステーブルは 60° 回転します。テーブルの周辺には2つの作業ユニット1と2が配置されていて、テーブルが回転するたびに2つのシリンダが上下に1往復する作業を行います。写真 9-2-1 は、本実験に使用したインデックス型自動機のモデルです。

（2）インデックス型自動機のプログラム

インデックス型搬送では、スタート信号が入ったら、まずインデックステーブルを1ピッチ送り、テーブ

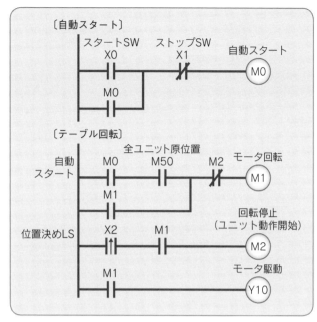

図 9-2-2　テーブルの1ピッチ送り

ルが位置決めされた信号でテーブル周りのユニットの動作を開始します。

図 9-2-2 は、テーブルを1ピッチ分インデックス送りするプログラムです。この中の M50 の a 接点は全ユニットの原位置信号で、全ユニットが動作を終えてスタート待ちになっている状態の信号です。

インデックステーブルの上に配置された2つの作業ユニットは、それぞれ1往復動作をします。

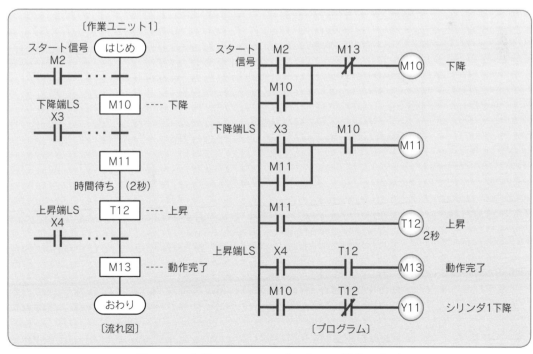

図 9-2-3　作業ユニット1のプログラム（状態遷移型）

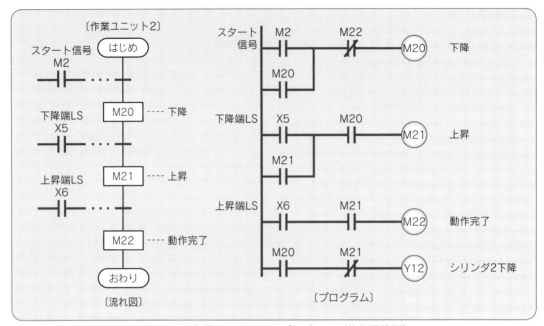

図 9-2-4　作業ユニット 2 のプログラム（状態遷移型）

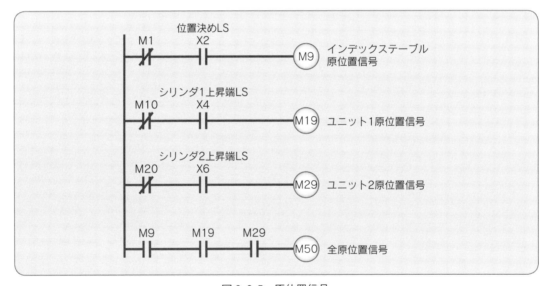

図 9-2-5　原位置信号

　この 1 往復の動作は状態遷移型のプログラムで記述します。**図 9-2-3** に作業ユニット 1、**図 9-2-4** に作業ユニット 2 の流れ図と制御プログラムを示します。

　テーブルの原位置信号は、M1 が OFF で位置決め LS（X2）が ON になっているときなので、**図 9-2-5** の M9 のようになります。

　作業ユニット 1 と 2 の動作中信号は、それぞれ M10 と M20 ですから、この 2 つのユニットの原位置信号をつくると M19 と M29 のようになります。この 3 つのリレーの接点を使って、全原位置信号をつくると M50 のように記述できます。

　図 9-2-2 ～図 9-2-5 までのプログラムを 1 つにまとめると、インデックステーブルでの位置決めと 2 つの作業ユニットの動作を連続して行うプログラムになります。

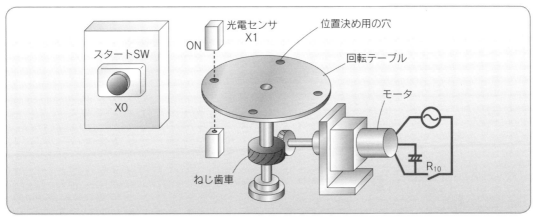

穴の位置を検出してインデックス送りをするにはパルスを使う

回転テーブルの周辺に等間隔であけられた穴をセンサで検出し、テーブルをインデックス送りする装置のプログラムを考えてみましょう。

図 9-3-1　回転テーブルの穴検出

図 9-3-1 は、回転テーブルにあいている 4 カ所の穴位置でテーブルを位置決めするもです。光電センサの信号は穴位置でON になるように Light ON に設定してあります。PLC の配線図は図 9-3-2 のようになっています。モータを回転すると次の穴が光電センサの位置にくるまでに、光電センサの信号 X0 は ON → OFF → ON と変化します。穴位置を検出したときに X0 は OFF から ON に変化するので、その時にモータを停止します。

光電センサがOFF から ON に変化する信号は、X1 のパルスを使ってとらえることができます。

図 9-3-3 のプログラムのように、スタートスイッチ（X0）でモータを回転して光電センサ（X1）のパルス信号で停止するようにすれば、スタートスイッチを押すたびにテーブルが回転して次の穴位置で停止します。

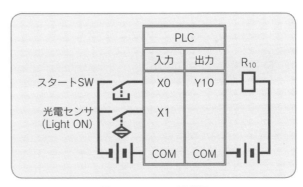

図 9-3-2　PLC 配線図

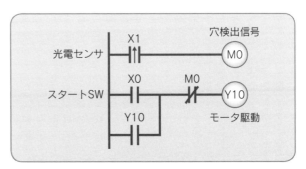

図 9-3-3　穴位置で停止するプログラム

ラチェットによるインデックス搬送では送り爪の戻り動作の間に作業を行う

> インデックステーブルを使った装置では、効率よく動作させるために作業ユニットが安全な位置に移動したらテーブルを回転するなどの工夫が必要です。ここではラチェットとシリンダを使った回転送りと作業ユニットの制御方法について解説します。

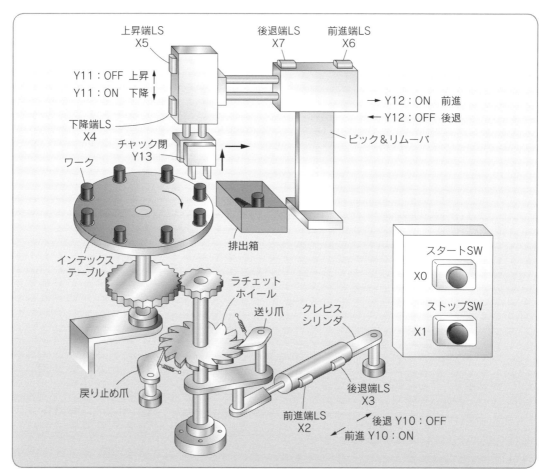

図 9-4-1　インデックステーブルで搬送されたワークを排出する装置

（1）装置の動作

　図 9-4-1 の装置は、クレビスシリンダでラチェットを駆動し、回転型のインデックステーブルを決められた角度ずつ送る装置です。クレビスシリンダが前進するときに送り爪がラチェットホイールを駆動します。クレビスシリンダが後退するときには、送り爪はラチェットホイールの側面をすべるように空回りして、戻り止め爪がラチェットホイールを止めているのでラチェットホイールは動きません。このようにして、クレビスシリンダの1往復でラチェットホイールが毎回決められた角度だけ回転します。PLCの配線を**図 9-4-2** に、実際の装置を**写真 9-4-1** に示します。

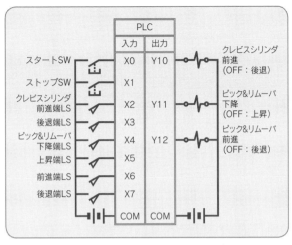

図 9-4-2　PLC 配線図

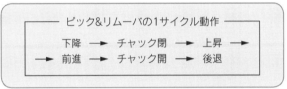

図 9-4-3　ピック＆リムーバの動作順序

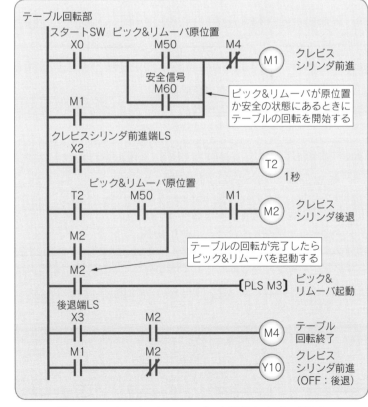

写真 9-4-1　ラチェットを使ったインデック
ステーブル

インデックステーブルの上にはワークが等ピッチで並べられていてこのワークを空気圧シリンダ駆動のピック＆リムーバで1つずつ取り出して排出箱の中に落下させます。ピック＆リムーバの動作順序は**図 9-4-3**のようになります。動作が終わったら、テーブルを回転して次のワークをピック＆リムーバの取り出し位置に移動します。

(2) インデックステーブルのプログラム

図 9-4-4はインデックステーブルを回転するプログラムです。ピック＆リムーバが原位置にあるときにスタート信号が入ると M1 が ON になり、クレビスシリンダが前進してテーブルを回転します。タイマ T2 を

図 9-4-4　インデックステーブルを回転するプログラム

123

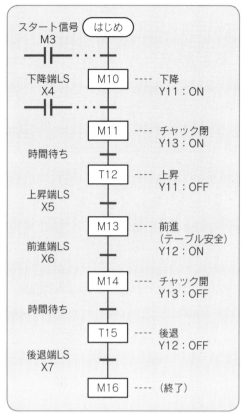

図 9-4-5　ピック＆リムーバの流れ図

使って、クレビスシリンダの前進端 LS（X2）が ON し、少し安定する時間をおいてから、ピック＆リムーバが原位置に戻ったら M2 を ON にします。M2 の接点でクレビスシリンダを後退し、同時に M3 のパルスでピック＆リムーバを起動します。

（3）ピック＆リムーバのプログラム

　ピック＆リムーバの流れ図は**図 9-4-5** のようになります。これを状態遷移型のプログラムにすると**図 9-4-6** のようになります。ピック＆リムーバがワークをテーブルから取り出し、テーブルを回転してもよい安全な状態になるのは M13 が ON したときです。この安全信号は**図 9-4-7** のように M60 に置き換えます。

　ピック＆リムーバの原位置信号は、ピック

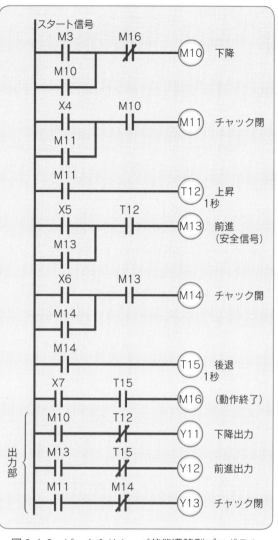

図 9-4-6　ピック＆リムーバ状態遷移型プログラム

図 9-4-7　テーブル回転安全信号

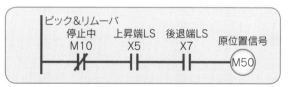

図 9-4-8　原位置信号

＆リムーバの動作中信号 M10 と機械原点信号である X5 と X7 を使って**図 9-4-8** の M50 のようになります。この安全信号と原位置信号は図 9-4-4 のテーブル回転制御部の中で使っています。

　図 9-4-4〜図 9-4-8 までのプログラムを 1 つにまとめると、インデックステーブルの駆動とピック＆リムーバのワーク取り出し作業を行う制御プログラムになります。

第3部　実践編

第10章

自動運転と
異常表示のプログラム

装置を自動運転するときの手順や運転中の装置の状態を表示するプログラムについて説明します。自動運転をするとワークに起因する異常や装置そのものの異常が発生します。そのような異常を検出して表示するプログラムのつくり方について解説します。

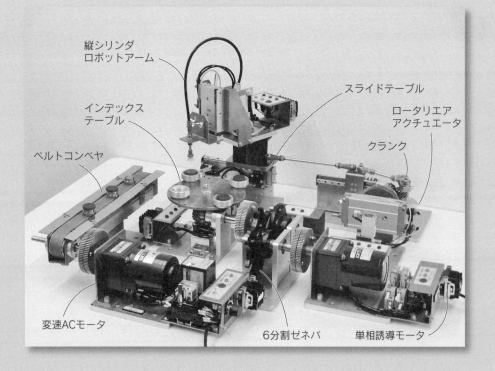

縦シリンダ
ロボットアーム

スライドテーブル

インデックス
テーブル

ロータリエア
アクチュエータ

ベルトコンベヤ

クランク

変速ACモータ

6分割ゼネバ

単相誘導モータ

自動運転

定石 10-1

自動運転信号はスタートスイッチとストップスイッチでつくる

自動運転はスタート SW で開始し、ストップ SW で停止します。ストップ SW を押したときに作業ユニットが動作途中のときには作業ユニットがサイクル停止してから装置を停止するようにプログラムします。

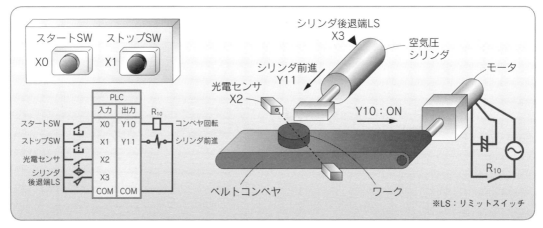

図 10-1-1　ワークを空気圧シリンダで排出する装置

図 10-1-1 は、ベルトコンベヤで搬送されてくるワークを空気圧シリンダで押し出して排出する装置です。モータは Y10 を ON にすると回転し、シリンダは Y11 を ON にすると前進して、Y11 を OFF にすると後退します。

図 10-1-2 が制御プログラムです。

スタート SW で自動運転信号の M0 を ON にして、ストップ SW で OFF にしています。M0 が ON になったらコンベヤ出力 Y10 を ON にします。シリンダが排出作業をしている作業中はコンベヤを停止しておきます。

排出作業を開始するための先頭のリレーは M1 になっています。自動運転を開始して M0 が ON になり、光電センサがワークを検出すると、M1 が ON になって排出作業が開始します。いったん作業を開始すると、シリンダが 1 往復する 1 サイクル動作をします。

作業途中で自動運転信号が OFF になったときは、その 1 サイクル動作が完了した時点で装置は停止します。

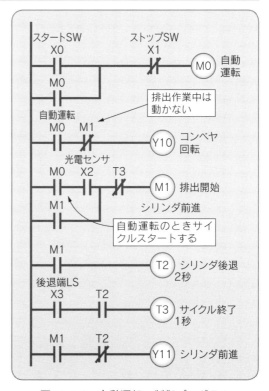

図 10-1-2　自動運転の制御プログラム

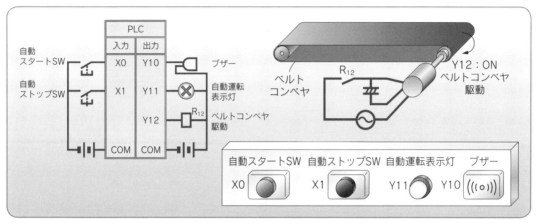

自動スタートをかける前には
ランプで知らせてブザーを鳴らす

定石 10-2

自動スタートをかけるときには作業者に危険を知らせるために、運転を開始する前にブザーを鳴らすようにします。ブザーと同時に自動スタートランプを点滅して、異常を知らせるブザー音と区別できるようにしておきます。

図 10-2-1　ベルトコンベヤを駆動する簡単な装置の構成

（1）装置の構成

図 10-2-1 は、自動運転で連続してベルトコンベヤを駆動する簡単な装置です。ベルトコンベヤを起動するときは、安全のためブザーを鳴らすように制御します。

（2）駆動前にブザーを鳴らすプログラム

図 10-2-2 のプログラムは、自動スタートスイッチ X0 を押してコンベヤ Y12 が起動するまでの 3 秒の警告時間の間、起動を知らせるブザー Y10 が鳴るようになっています。ブザーと同時に自動運転表示灯 Y11 も点滅します。点滅の周期は 0.4 秒で、2 つのタイマ T10 と T11 で点滅信号をつくっています。コンベヤが起動すると自動運転表示灯は点灯した状態になり、ブザーは停止します。

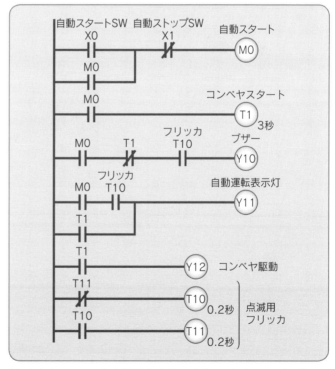

図 10-2-2　コンベヤを駆動する前にブザーで知らせるプログラム

自動運転と手動操作は自動/手動の切り換えスイッチを使う

定石
10-3

装置のある部分を手動で操作する必要があるときには、手動／自動の切り換えスイッチを使って、安全に手動操作ができるようにプログラムします。手動モードに切り換えたらただちに自動運転を停止します。動作途中の作業ユニットがある場合は、その作業のサイクルが終了してから手動操作ができるようにします。

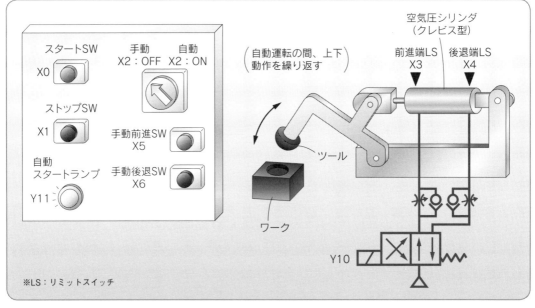

図 10-3-1　クレビス型の空気圧シリンダを前進・後退させる装置

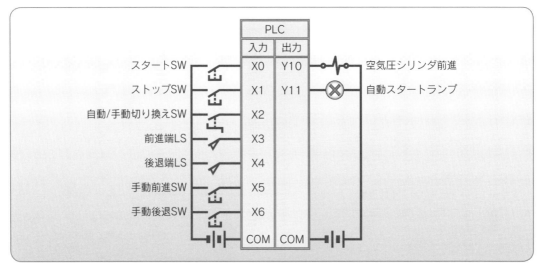

図 10-3-2　PLC 配線図

（1）自動運転中はシリンダを往復させる

　図 10-3-1 の装置は、クレビス型の空気圧シリンダを前進・後退することで、先端のツールを上下に動かし、ワークに対して作業をする装置です。PLC の配線は図 10-3-2 のようになっています。Y10 を ON にすると空気圧シリンダが前進し、OFF にすると後退します。

　自動運転中は空気圧シリンダの往復を繰り返します。手動モードに切り換えたときは、手動前進 SW を押すと空気圧シリンダが前進してツールを下降させます。手動後退 SW を押すと空気圧シリンダが後退してツールが上昇します。

　この動作をするプログラムは図 10-3-3 のように書くことができます。

（2）自動運転モードと手動運転モード

　自動運転のモードは X2 が ON になっているときで、この条件を自動運転開始信号 M0 の生存条件に入れてあるので、手動モードにすると自動運転を停止します。空気圧シリンダを連続して往復するプログラムには M1〜M3 を使っています。

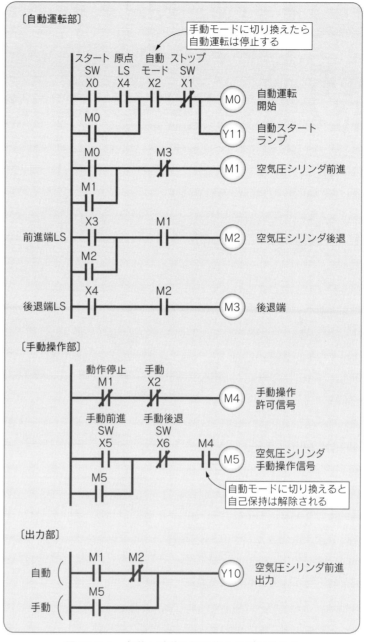

図 10-3-3　自動と手動を切り換えるプログラム

　手動操作は、自動／手動の切り換えスイッチを手動側にして X2 が OFF の状態で操作できるようにします。しかしながら M1 が ON のときは装置が動作中なので、手動操作ができないようにしておきます。手動で空気圧シリンダを前進・後退する操作信号として M5 のリレーを使っています。

　このように手動／自動の切り換え SW が手動側になったら、すぐに自動運転を停止して、作業ユニットの残り動作を行い、装置が完全に停止してから手動モードに切り換えます。手動モードになったら手動操作 SW で装置の各部を動かせるようにしておきます。

自動運転	# 自動運転は装置が原点位置にあるときにスタートできるようにする

定石 10-4	作業中に搬送系が動作すると壊れてしまうワークなどを扱う場合には、作業ユニットと搬送ユニットの動作が干渉しないように制御します。装置を安全に制御するためのプログラムのつくり方を考えてみましょう。

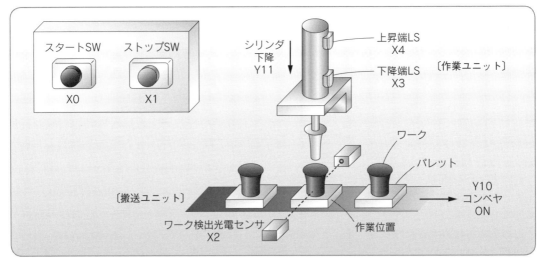

図10-4-1　パレット搬送コンベヤと作業ユニット

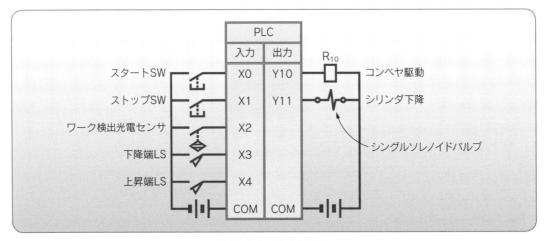

図10-4-2　PLC 配線図

（1）コンベヤとシリンダの動作順序

　図10-4-1 の装置では、ガラスの容器でできているワークをパレットに載せてコンベヤで搬送しています。作業位置でセンサがワークを検出したらコンベヤを停止し、作業ユニットのシリンダが上下に1往復します。装置の入出力信号は PLC に図10-4-2 のように配線されていて、Y10 を ON に

するとコンベヤが動き、Y11 を ON にするとシリンダが下降します。シリンダはシングルソレノイドバルブで駆動しているのでY11 を OFF にすると上昇します。

　コンベヤを動かしたときにシリンダが上昇端にないとワークを破損するので、自動運転を開始するときとコンベヤを起動するときに、シリンダの上昇端LS（X4）が ON していることを確認します。

(2) 自動運転のプログラム

　図10-4-3 は、この装置の制御プログラムです。

　自動運転信号 M0 の起動条件に作業ユニットの原点信号（M10）のa接点を入れてあります。M10 は M1 が OFF で X4 が ON の条件で ON になるリレーです。この M10 のa接点は装置が停止していて、シリンダが上昇端にあるときの状態を表

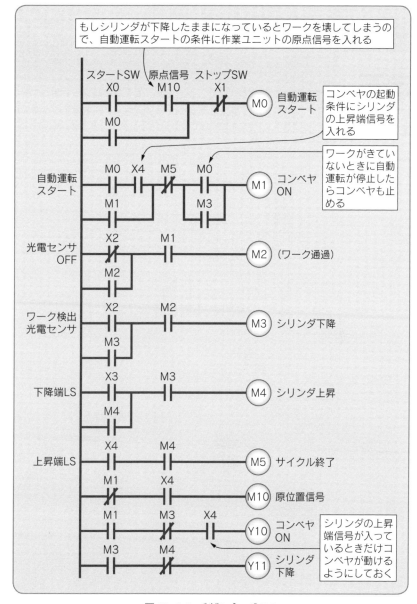

図 10-4-3　制御プログラム

わしているので、作業ユニットの原点信号になります。さらに、コンベヤの駆動出力（Y10）が ON になる条件としてシリンダ上昇端LS（X4）のa接点を入れてあり、コンベヤの動作途中に、万一、シリンダが下降しはじめたら、コンベヤを強制的に停止するようになっています。

(3) ワークが来ない場合の処理

　このプログラムでは、M1 が ON になるとワークの到着待ちになります。万一、コンベヤ上に次のワークがない場合にはコンベヤが動いたままになってしまいます。そこで、ワークが到着していないとき（M3 が OFF のとき）に自動運転信号（M0）が OFF になったら M1 のリレーの自己保持を解除するようになっています。具体的には、M0 のa接点と M3 のa接点の OR 接続を M1 の自己保持の生存条件にしてあります。

状態を記憶しているリレーを使うと装置の異常を検出できる

ピック＆プレイスユニットを使って2つのコンベヤ間でワークの受け渡しを行います。コンベヤ上でピック＆プレイスユニットが作業をするときにはコンベヤを停止しておきます。イベント制御型のプログラムを使って装置の制御を行い、異常状態を検出して表示します。

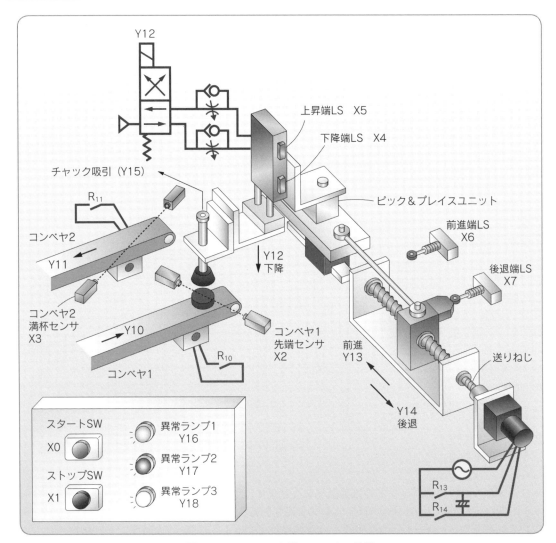

図 10-5-1　コンベヤ間のワークの移動

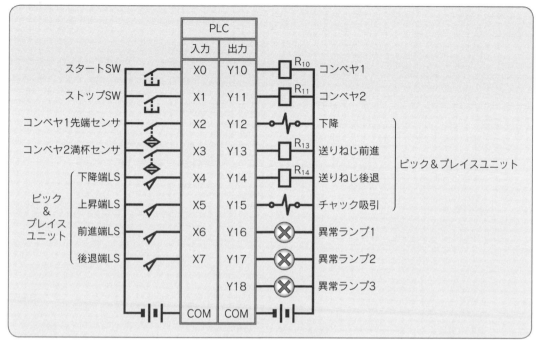

図 10-5-2　PLC 配線図

(1) 装置の動作順序

　図 10-5-1 は、コンベヤ 1 で送られてきたワークをコンベヤ 2 に載せ換える装置です。PLC の配線は**図 10-5-2** のようになっています。自動運転信号が入ったら、まず Y10 を ON にしてコンベヤ 1 を駆動します。次にコンベヤ 1 の先端にあるセンサ（X2）が ON したら、Y10 を OFF にしてコンベヤ 1 を停止します。同時にピック＆プレイスユニットが下降（Y12：ON）し、ワークを吸引（Y15：ON）して上昇（Y12：OFF）します。Y13 を ON にして送りねじが前進し、前進端 LS（X6）で停止してチャックを下降します。このときコンベヤ 2 の満杯センサ（X3）が ON していたら、OFF になるのを待ってから下降します。下降端でチャック吸引（Y15）を停止して上昇（Y12：OFF）し、Y14 を ON にして送りねじが後退端 LS（X7）にきたところで Y14 を OFF にして 1 サイクルが終了します。

　コンベヤ 2 の駆動出力 Y11 は、ピック＆プレイスユニットがワークを置くとき以外は ON したままにします。

(2) 自動運転部とコンベヤの プログラム

　この装置をイベント制御型のプログラムで制御してみます。自動運転部と 2 つのコンベヤの出力についてのプログラムは**図 10-5-3** のようにします。自動運転信号が入ったら両方のコンベヤを動かして、コンベヤ上で作業が行われるときにはコンベヤを停止しておくようにします。また、コンベヤ 1 はコンベヤ 1 先端センサ（X2）がワークを検出したら無条件に止まるようになっています。M50 と M51 の作業中信号

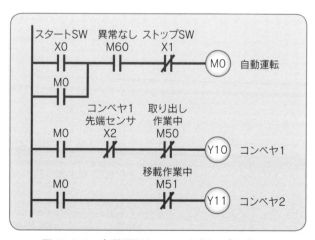

図 10-5-3　自動運転とコンベヤ部のプログラム

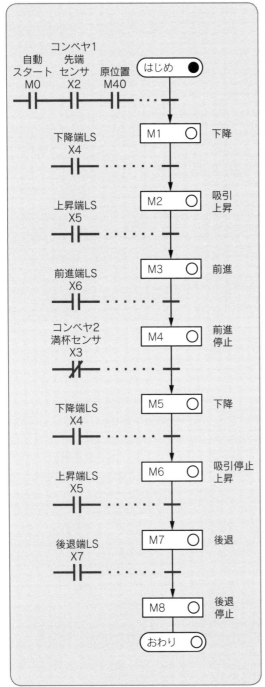

図 10-5-4　ピック & プレイスユニットの順序
　　　　　フロー図

図 10-5-5　ピック & プレイスユニット制御部の
　　　　　プログラム（イベント制御型）

はピック & プレイスユニットのプログラムを使ってつくるので、後でプログラムします。

（3）ピック & プレイスユニットのプログラム

　　ピック & プレイスユニットの順序フロー図は**図 10-5-4**のようになります。コンベヤ1からワークを取り出してコンベヤ2に移載して、原位置に戻るまでの1サイクル動作が記述されています。

この順序フロー図を元にしてイベント制御型のプログラムをつくったものが**図10-5-5**です。1行目に入っている原位置信号のM40は後でつくります。

ピック＆プレイスユニットの出力部は**図10-5-6**のようになります。

（4）原位置信号と作業中信号

ピック＆プレイスユニットの原位置信号M40は、ユニットが停止していて上昇端と後退端の信号が入っているときなので**図10-5-7**のようになります。

コンベヤ1から取り出しを行っている作業中には、コンベヤ1は止めておく必要があります。また、コンベヤ2にワークを移載するときはコンベヤ2は停止します。このコンベ

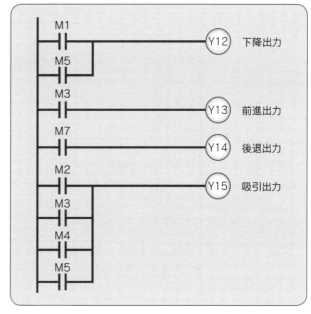

図10-5-6　ピック＆プレイスユニットの出力部のプログラム

ヤ1からの取り出し作業中信号M50と、コンベヤ2への移載作業中信号M51は**図10-5-8**のようになります。

図10-5-3、図10-5-5〜図10-5-8のプログラムをまとめて1つにすると、ピック＆プレイスユニットを使ったコンベヤ間のワーク移動をするイベント制御型のプログラムになります。

（5）異常信号の検出

装置を動かしているときに発生する異常信号は、**図10-5-9**のようにつくります。

コンベヤ1のワーク供給不足の信号は、コンベヤ1が動作（Y10：ON）しても先端にワークが来

図10-5-7　原位置信号

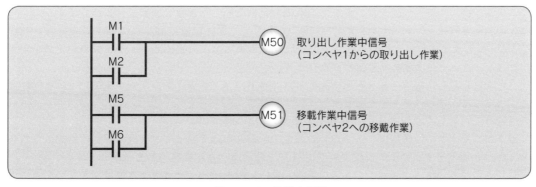

図10-5-8　作業中信号

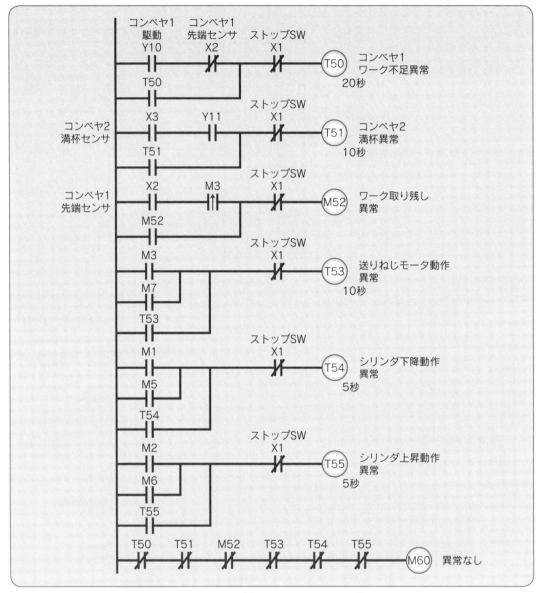

図 10-5-9　装置の異常信号と異常の解除のプログラム

ない状態（X2：OFF）が続いて、タイマ T50 の設定値を超えたときに異常信号になります。コンベヤ 2 の満杯異常は、コンベヤ 2 が動作（Y11：ON）しても満杯位置のセンサが OFF にならない状態（X3 が ON のままの状態）になります。この信号をタイマ T51 で検出して、タイマの設定値を超えたときが、コンベヤ 2 満杯異常信号になります。

　ワーク取り残し異常は、ピック＆プレイスユニットがコンベヤ 1 からワークを拾い上げる動作を完了した時に、コンベヤ 1 の先端センサ（X2）が OFF になっていない場合に、ワークがコンベヤ 1 上に残っているものとして M52 に異常信号を出力するものです。

　送りねじモータ動作異常は、送りねじのモータの動作が遅くなって、前進か後退の移動ストロークにかかる時間がタイマ T53 の設定値（10 秒）を超えたときに異常信号と判断します。

　シリンダの下降時間が T54 で設定した時間（5 秒）以上に長くなったときには、シリンダ下降動作異常として、タイマ T54 の接点が異常信号になります。シリンダ上昇動作異常は、シリンダの上

昇時間をタイマ T55 で計測して、T55 の設定値（5秒）よりも動作時間が長くなったときに、T55 の接点が異常信号となります。

(6) 異常信号の表示

それぞれの異常は、図 10-5-10 のように Y16～Y18 のランプに表示されます。

異常の種類によって、1.2 秒のフリッカか、0.2 秒の高速フリッカに分類され、2 つの異常が重なったときには、2 つのフリッカが重なった表示になります。たとえば、コンベヤ 1 ワーク不足異常の T50 とコンベヤ 2 の満杯異常 T51 の両方の異常が同時に発生したときには、異常ランプ 1（Y16）は 1.2 秒のフリッカと、0.2 秒のフリッカが混在した点灯になります。

写真 10-5-1 は、本実験に使用したシステム構成です。

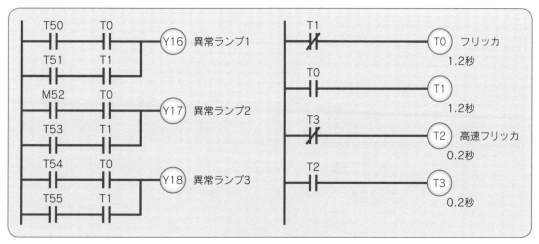

図 10-5-10　異常のランプ表示のプログラム

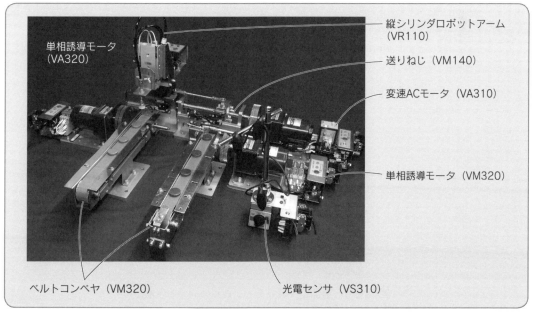

写真 10-5-1　ピック＆プレイスユニットとコンベヤ搬送装置

装置の異常はランプに表示してリセットスイッチで解除する

ベルトコンベヤに流れてくるワークをピック&プレイスユニットで移載して、回転テーブルに並べていく装置を制御してみましょう。コンベヤ中間の不良品検出センサが ON になったらワークを不良排出します。非常停止や異常処理の方法などを考慮したプログラムにします。

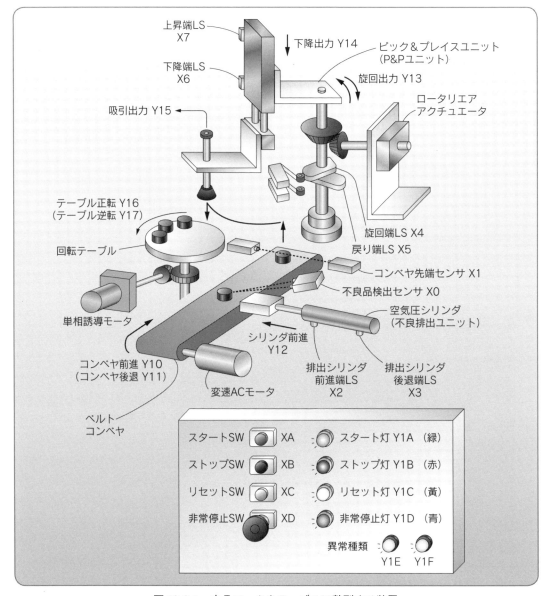

図 10-6-1　良品ワークをテーブルに整列する装置

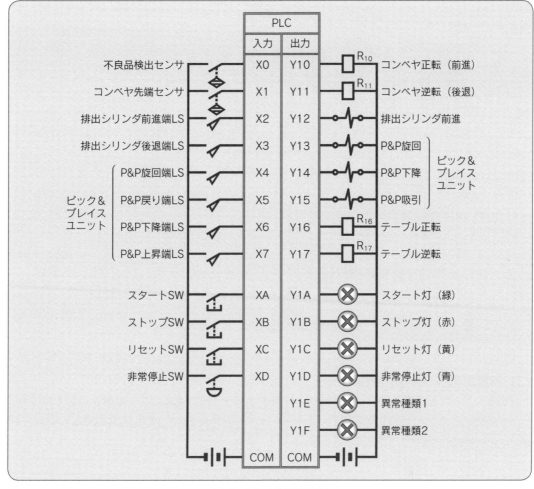

図 10-6-2　PLC 配線図

（1）装置の構成

　図 10-6-1 の装置は、ベルトコンベヤでワークを送り、コンベヤ先端にきたワークをピック＆プレイスユニット（P&P ユニット）で回転テーブル上に並べていくものです。ベルトコンベヤの中央に不良排出ユニットがあり、背の高いワークがきたらシリンダが前進してワークを下に落下させます。PLC の配線は図 10-6-2 のようになっています。この装置を状態遷移型のプログラムで制御してみましょう。

（2）自動運転・非常停止とコンベヤのプログラム

　まずスタート SW（XA）とストップ SW（XB）を使って自動運転信号（M0）をつくります。非常停止や異常信号が入ったら、自動運転が停止するようにします。非常停止信号（M1）は自己保持にして、リセット SW（XC）で非常停止を解除できるようにしておきます。

　ベルトコンベヤの正転出力は、自動運転中に非常停止が入っていない時に回転します。ただし、不良品検出センサ（X0）とコンベヤ先端センサ（X1）がワークを検出した時にはコンベヤを停止します。また、排出シリンダの動作中（M10）とピック＆プレイスユニットの動作中（M20）の信号が ON になっている時にもコンベヤは停止しておきます。

　この条件を使って自動運転・非常停止とコンベヤの制御プログラムをつくると、図 10-6-3 のようになります。

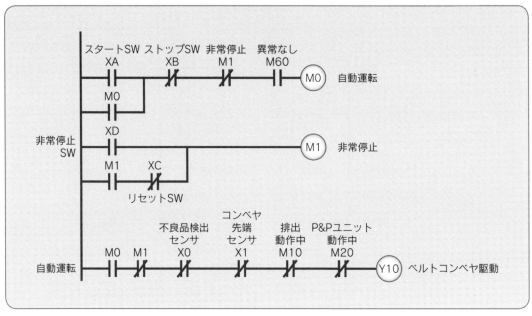

図 10-6-3　自動運転と非常停止とコンベヤ出力のプログラム

（3）不良排出シリンダの制御

　背の高いワークを不良品検出センサ（X0）で検出したら、不良排出ユニットのシリンダが前進してワークをコンベヤから落下させます。このシリンダには前進端 LS（X2）と後退端 LS（X3）の 2 つのリミットスイッチがついています。

　この制御プログラムは**図 10-6-4** のようになります。不良排出シリンダの動作中信号は M10 です。シリンダの前進中に非常停止が入ると、シリンダは前進端で停止します。

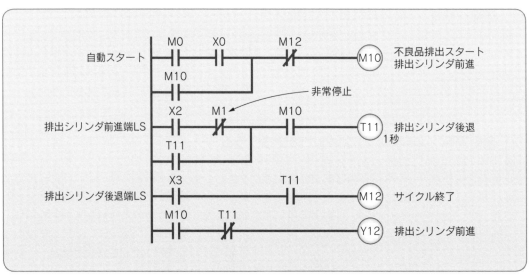

図 10-6-4　不良排出シリンダ制御部のプログラム

（4）ピック＆プレイスユニット（P&P ユニット）の制御

　ピック＆プレイスユニットの制御プログラムを状態遷移型でつくると、**図 10-6-5** のようになります。動作途中に非常停止が入ると、シリンダはストロークエンドで停止するようになっています。ピック＆プレイスユニットの動作中信号は M20 になっています。

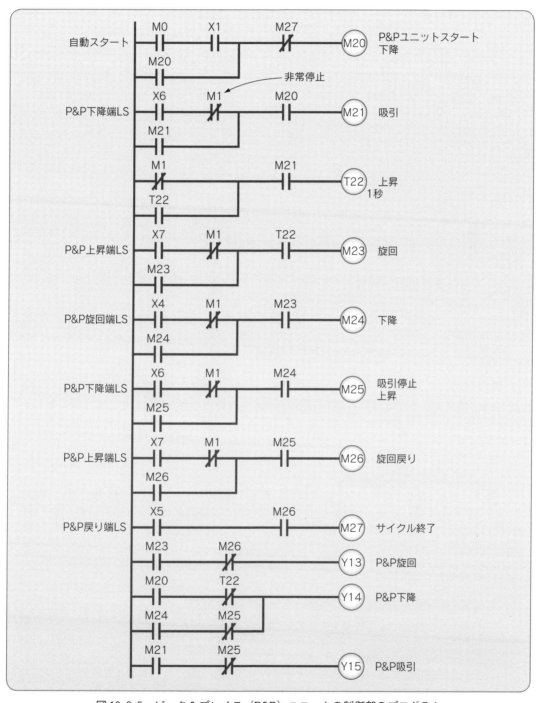

図 10-6-5　ピック＆プレイス（P&P）ユニットの制御部のプログラム

（5）回転テーブルの制御

　P&P がテーブルの上にワークを載せ終わった信号（M27）が ON した時に、回転テーブル上にワークがセットされたことになるので、ワークセット信号（L100）をセット命令（SET）で ON にします。L100 はラッチ型の停電保持リレーです。通常のリレーと同じ使い方をしますが、電源が落ちても元の状態を保持します。L100 をワークセット信号にして、電源を落としてもワークがそこにあるという信号が消えないようになっています。回転テーブルは、L100 が ON になったところで**図 10 -6-6** のプログラムで 2 秒間回転します。回転し終わった信号（T31）が入ったら、ワークセット信号 L100 をリセット命令（RST）で OFF にしています。

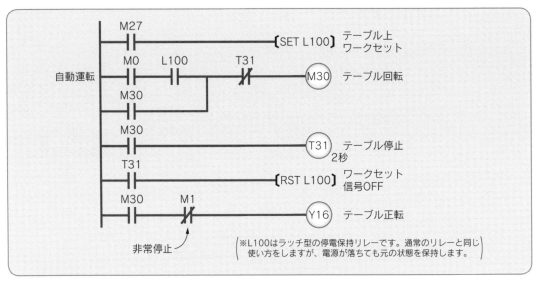

図 10-6-6　回転テーブルの制御部のプログラム

（6）異常信号

　図 10-6-7 のプログラムは、下記の①～④にあるような装置の異常信号をとらえて異常種類ランプに表示しています。異常が発生しているときにリセットスイッチを押すと異常が解除されます。タイマ T0 は 0.5 秒ごとに ON/OFF するフリッカ信号になっています。

---

① ワーク供給不足（Y1E：点滅）

　自動運転が入って、センサがワークを検出できずに 60 秒以上コンベヤが回り続けている場合、ワークの供給が不足していると判断します。コンベヤの連続駆動時間を T50 で計測して、T50 が ON になっているときに異常を表示します。

② 不良排出シリンダオーバータイム（Y1E：点灯）

　不良排出シリンダの 1 サイクル時間が 10 秒を超えると、T51 が ON になって異常信号を出します。

③ ピック＆プレイスユニットオーバータイム（Y1F：点灯）

　ピック＆プレイスユニットの 1 サイクル時間が 20 秒を超えると、T52 が ON になって異常信号を出します。

④ 3 回連続不良（Y1F：点滅）

　不良品が 3 回連続して送られてきたことをカウンタ C50 で数えて、異常信号を出します。途中で 1 回でも M20 が ON になって良品が排出されると、カウンタの値を 0 にリセットします。また、スタート SW（XA）が押されたときもカウント値を 0 に戻しています。

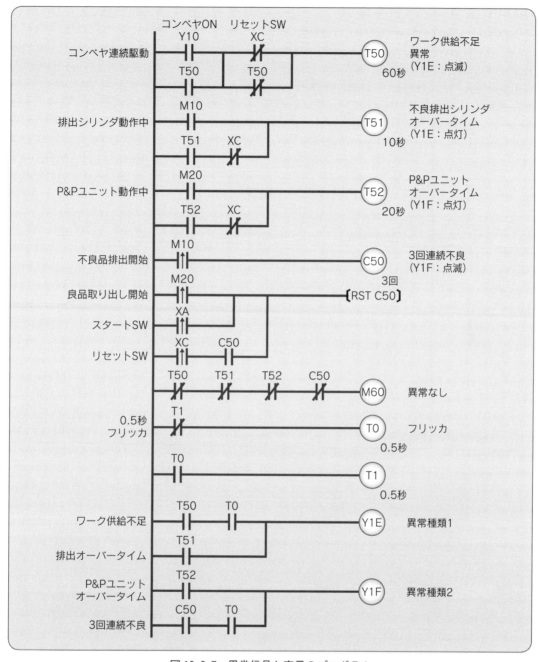

図 10-6-7　異常信号と表示のプログラム

（7）表示灯

　図 10-6-8 は、表示灯の制御部です。スタート灯 Y1A は自動運転信号 M0 が入ると点灯し、自動運転が切れてから、いずれかのユニットが動作中の場合は点滅し、すべての動作が停止すると消灯します。ストップ灯 Y1B は、自動運転信号 M0 が OFF の時に点灯します。リセット灯 Y1C は、異常が発生し、その異常信号をリセット SW を押して解除する必要があるときに点滅します。非常停止灯 Y1D は非常停止状態の時に点滅します。

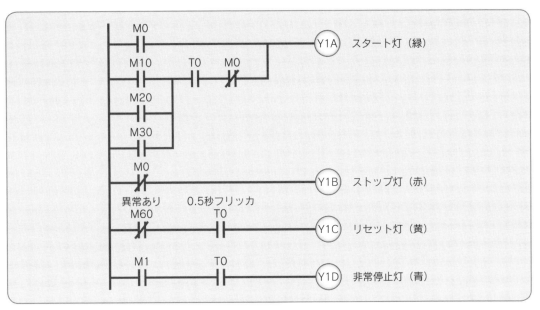

図 10-6-8　表示灯の制御部のプログラム

写真 10-6-1 は、本稿の制御実験と動作検証に使用したメカトロライン型実習装置（MM3000-PM）です。

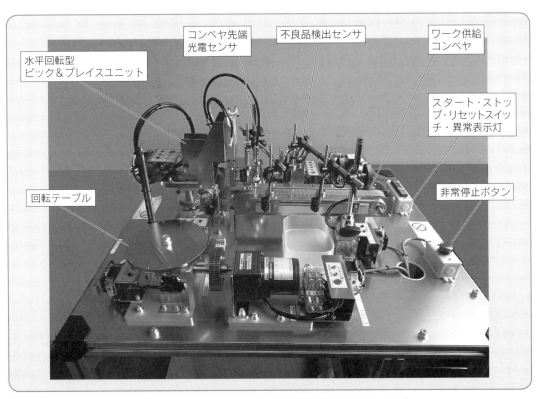

写真 10-6-1　メカトロライン型実習装置（MM3000-PM）

第11章

非常停止と原点復帰のプログラム

非常停止のかけ方や非常停止をかけたときに、装置をどのように停止させればよいかなど、非常停止の信号の取扱いについて考えてみます。また、そのような非常停止のプログラムと非常停止を解除した後の原点復帰の方法について解説します。非常停止信号はb接点でPLCに接続することが一般的ですが、本書ではプログラムを読みやすくするため、a接点を使っています。

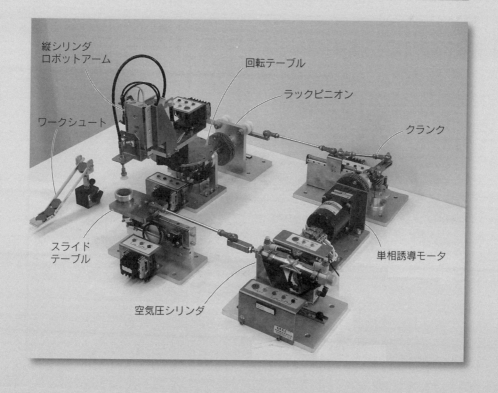

縦シリンダ
ロボットアーム

回転テーブル

ラックピニオン

ワークシュート

クランク

スライド
テーブル

単相誘導モータ

空気圧シリンダ

非常停止が入ったら装置を停止してリセットスイッチで解除する

定石 11-1

非常停止が入ったら無条件にモータ出力を OFF にしてモータを停止します。非常停止ボタンを元に戻してからリセットスイッチを押して非常停止を解除します。

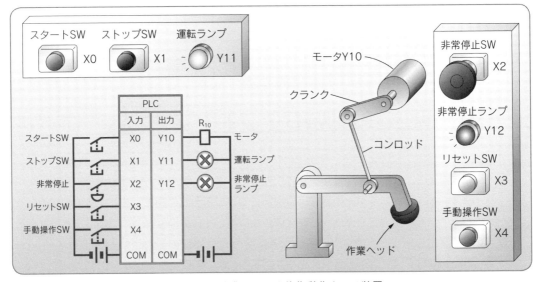

図 11-1-1　作業ヘッドを往復動作させる装置

（1）非常停止の入った制御プログラム

図 11-1-1 は、モータでクランクを駆動して作業ヘッドを往復動作させる装置です。

図 11-1-2 の制御プログラムでは、モータ（Y10）は手動操作 SW（X4）を押している間、回転するようになっています。また、スタート SW（X0）で自動運転信号 M0 を ON にすると連続して回転します。

（2）非常停止と解除

非常停止 SW（X2）が押されると M1 が自己保持になって、モータ出力（Y10）を OFF にします。非常停止がかかったら自動運転は解除し、手動操作でもモータが回転しないようになっています。

非常停止の状態を解除するには、非常停止スイッチを元に戻して X2 を OFF にしてから、リセット SW（X3）で M1 の自己保持を解除します。非常停止を解除したら、再度スタート SW（X0）を押して自動運転を開始します。

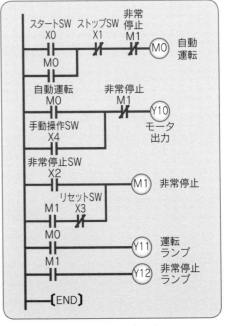

図 11-1-2　制御プログラム

非常停止で鳴らしたブザーは
ストップスイッチで一時停止する

非常停止ボタンを押したときには非常停止ランプを点灯してブザーを鳴らします。ブザー音はストップスイッチで一時的に停止できるようにしておきます。

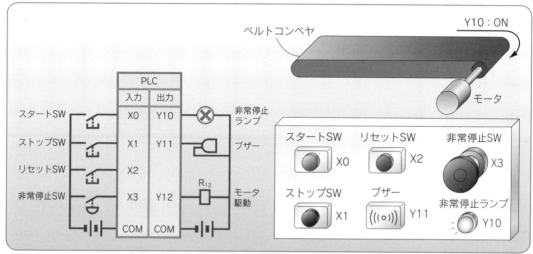

図 11-2-1　ベルトコンベヤを使った搬送装置のイメージ

図 11-2-1 はベルトコンベヤを使った搬送装置です。スタートSW で運転を開始してモータを駆動します。非常停止 SW を押すとモータが停止し、非常停止ランプが点灯し、ブザーを鳴らします。

図 11-2-2 が装置の制御プログラムです。非常停止SW を押すとリレーM1 が自己保持になり、モータを停止します。非常停止SW を OFF にして、リセット SW で M1 の自己保持を解除すると運転を再開します。M1 が ON になっているときには、非常停止ランプ Y10 は点灯したままにしておきます。非常停止がかかるとブザーY11 を ON にしますが、ストップ SW を押すとブザー音を消すことができます。リセット SW で非常停止が解除されるとブザー音も停止します。

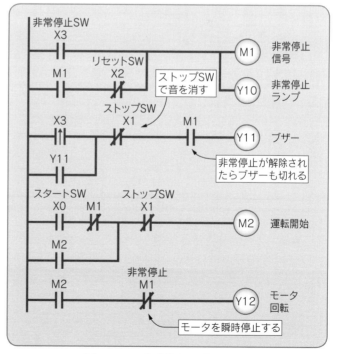

図 11-2-2　非常停止のプログラム

単純な装置の原点復帰はリセットスイッチの長押しで出力を直接駆動する

非常停止が押されたらモータを停止してブザーとランプで作業者に知らせます。自動運転の前に原点信号が OFF になっていたらリセットスイッチを長押しして、原点方向に移動する出力を ON にして原点復帰します。

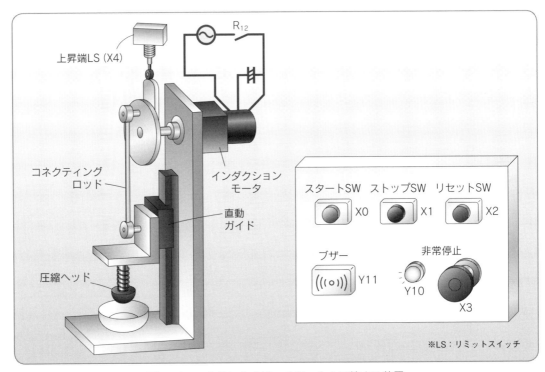

図 11-3-1　クランクを使ってワークを圧縮する装置

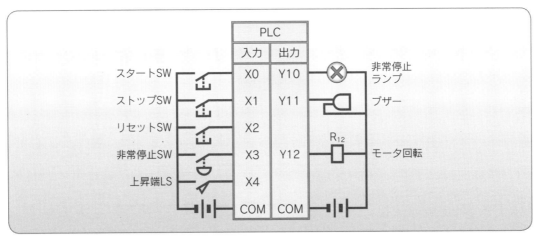

図 11-3-2　PLC 配線図

（1）装置の動作

図 11-3-1 は、クランクを使ってワークを圧縮する装置です。PLC の配線は図 11-3-2 のようになっています。スタート SW（X0）を押したらモータがクランクを駆動し、圧縮ヘッドを連続して上下に動かします。ストップ SW（X1）を押すと、原点位置である上昇端 LS（X4）が ON した位置で停止します。

（2）非常停止

非常停止 SW を押すと、モータはその場で瞬時に停止し、非常停止ランプが点灯してブザーが鳴ります。このとき、ストップ SW を押すとブザーの音が止まります。非常停止の解除はリセット SW（X2）を使います。

図 11-3-3 のプ

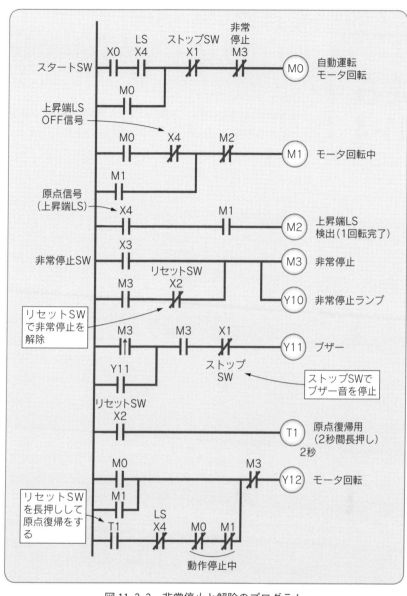

図 11-3-3　非常停止と解除のプログラム

ログラムでは非常停止信号（M3）が ON になっても、モータ回転中信号の M1 を OFF にしていないので、非常停止を解除すると 1 サイクルの残り動作を行い、原点の上昇端 LS（X4）が ON になったところで停止します。自動運転の信号 M0 は非常停止で OFF になるので、運転を再開するにはスタート SW を再度押すことになります。

（3）電源を落としたときの原点復帰

回転途中の状態で電源を落とした場合には、リセット SW（X2）を 2 秒以上長押ししてタイマ T1 を ON にします。そのままリセット SW を押し続けると、モータが回転して、上昇端 LS が ON したところで停止します。

この原点復帰の回路は、モータ出力（Y12）をタイマ T1 で直接駆動するようになっています。タイマ T1 による原点復帰は、M0 と M1 が OFF になっている停止状態のときに限って有効になるようにしておきます。

非常停止で制御信号をOFFにしたら原点復帰をしてから再起動する

定石 11-4

非常停止が入ったときに、制御プログラムで装置の状態を記憶しているリレーをすべてOFFにする場合には、原点位置に戻してから再スタートします。

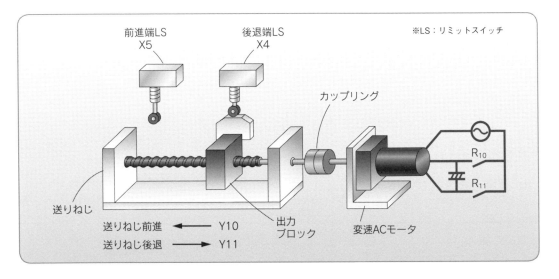

図11-4-1　送りねじを使って出力ブロックを往復移動させる装置

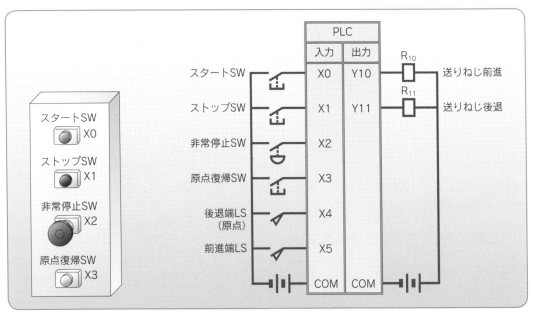

図11-4-2　操作パネルとPLC配線図

（1）装置の動作

図 11-4-1 は、送りねじを使って出力ブロックを往復移動する装置です。PLC の配線は図 11-4-2 のようになっています。スタートSW（X0）を押すと、M0 が ON になって自動運転が開始し、送りねじによる往復動作を連続して繰り返します。

（2）制御プログラム

図 11-4-3 がこの装置の制御プログラムです。M0 の自己保持の開始条件に後退端（X4）の原点信号が入っているので、スタート時点で装置は原点位置に戻っている必要があります。

送りねじの往復部は状態遷移型の順序制御プログラムになっているので、先頭リレーのM1 の自己保持を非常停止 X2 で解除すると制御に使っているリレー M1、M2、T3、M4、T5 のすべてが OFF になり、装置はその場で停止し、プログラムは初期状態に戻ります。

（3）原点復帰プログラム

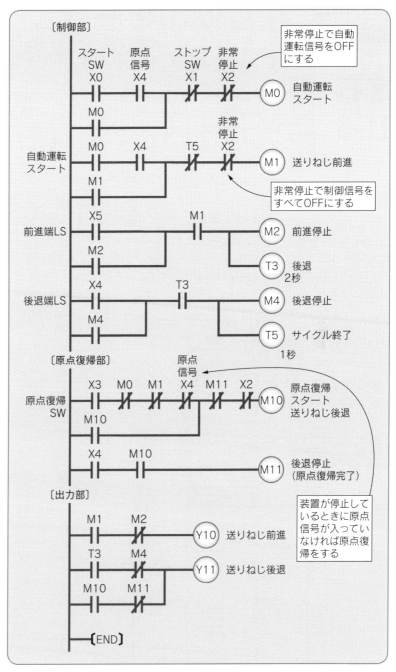

図 11-4-3　制御プログラム

送りねじが動作の途中で非常停止をしたときには、原点復帰 SW（X3）を押して、M10 ではじまる原点復帰専用のプログラムを起動して原点に復帰します。原点復帰を実行する条件は、M10 の自己保持の開始条件に記載されているように、自動運転が停止中（M0：OFF）で、送りねじが停止（M1：OFF）していて、原点信号が入っていない（X4：OFF）ときになります。このときに原点復帰 SW（X3）を押すと、M10 が ON になって原点復帰を開始し、Y11 を ON にして送りねじが後退して後退端（X4）が ON したところで停止します。

非常停止を解除したら残り動作を行ってサイクル停止する

非常停止が入ったときに装置を完全に停止させて初期状態に戻すと、ワークに対する作業が途中で終わってしまい、不良品が出る原因になることがあります。これをさけるには非常停止が解除されたときに、中途になっている作業の残り動作を行ってから原点に戻ってサイクル停止をするようにプログラムをつくります。

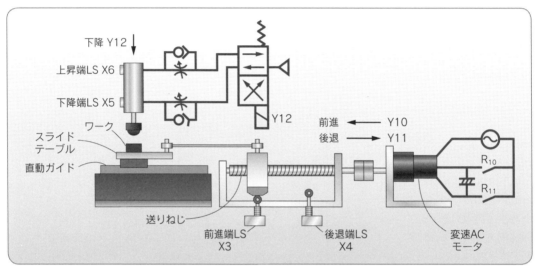

図 11-5-1　送りねじのワーク送りと上下ユニット

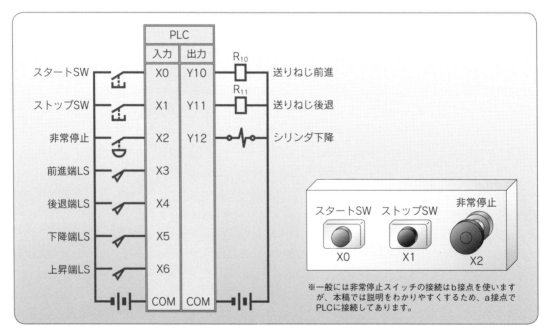

※一般には非常停止スイッチの接続はb接点を使いますが、本稿では説明をわかりやすくするため、a接点でPLCに接続してあります。

図 11-5-2　操作パネルと PLC 配線図

（1）装置の構成と動作順序

図 11-5-1 は、スライドテーブルに載せたワークを送りねじで移動するユニットと、送られてきたワークをシリンダでつぶす上下動のユニットを組み合わせた装置です。PLC の配線は**図 11-5-2** のようになっています。装置の原点位置は、後退端 LS（X4）と上昇端 LS（X6）が ON になっている状態です。自動運転信号（M0）が ON になると、送りねじは前進して、前進端まで移動したところで停止し、シリンダが上下に往復するのを待ってから後退します。

（2）動作プログラム

この動作を状態遷移型の順序制御で記述したものが**図 11-5-3** のプログラムです。状態遷移型なので状態が1つ変化するたびに状態を記憶するリレーが M1 から順に T6 まで ON になっていきます。その状態の変化を記憶しているリレーの接点を使ってモータやシリンダの出力を切り換えるので、状態を先に進めなければその1つ前の状態にとどまることになります。すなわち非常停止の信号が入ったら状態を記憶するリレーを先に進めないよ

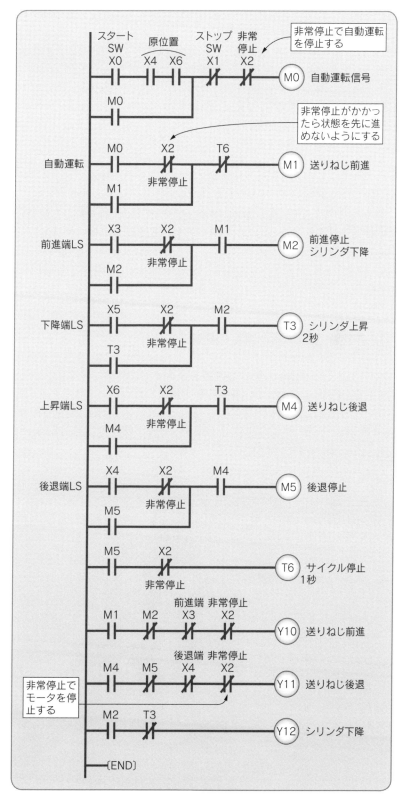

図 11-5-3　非常停止で途中停止するプログラム

うにすれば、装置はその状態から変化せずに非常停止が入る直前の状態を保持します。

　そこで、図 11-5-3 のプログラムでは、非常停止信号（X2）のb接点を、状態を記憶するリレー M1〜T6 の自己保持の開始条件に入れることによって、非常停止が入ったときに状態を先に進めないようにしてあります。

（3）非常停止信号が入ったときの動作

　シリンダが下降中に非常停止が入ったとすると、シリンダが下降しているという状態（M2 の状態）を維持することになるので、シリンダはそのまま下降を続けて下降端で停止します。このとき下降端 LS（X5）が ON になりますが、次の状態を記憶するリレー（M3）の開始条件に非常停止 X2 のb接点が入っているので、次の状態には進まずに、停止したままになります。非常停止が解除されると、すぐに次のリレーM3 が自己保持になり、続きの動作をすることになります。

　送りねじが前進中に非常停止がかかったときには、送りねじを駆動しているモータが ON した状態のまま変化しなくなるので、送りねじは前進を続けて壁に衝突してしまいます。そこで、モータに関しては、非常停止が入ったらモータの駆動出力を OFF にしなくではなりません。

　図 11-5-3 のプログラムでも、モータの出力リレーY10 と Y11 には非常停止（X2）のb接点が入っていて、非常停止がかかったら無条件にモータが停止するようになっています。非常停止が解除されると、モータ出力が ON になって残り動作を行います。

（4）非常停止の解除と運転の再開

　このように、状態が先に進まないように非常停止の信号をうまく使うと、装置をその場で停止させて、またその状態から動作を再開できるように制御できます。非常停止の信号で自動運転信号（M0）を OFF にしておくと、非常停止を解除したときに 1 サイクルの残り動作を行って、原点位置で停止します。自動運転を開始するには、再度、スタート SW（X0）を押します。

　写真 11-5-1 は、図 11-5-1 と同じ構成にした実物のモデルです。

水平回転型
ピック＆プレイス
（VR180）

ロータリエア
アクチュエータ
（VA410）

スライドテーブル
（VM310）

変速ACモータ
（VA310）

送りねじ
（VM140）

写真 11-5-1　送りねじと空気圧式上下ユニット

第12章

装置をステップ送りするプログラム

機械装置の調整やデバッグをするときには、装置を1ストロークずつステップ送りすると便利です。本章では機械装置をスイッチを押すたびに1ステップずつ動作させたり、逆の順序でステップを戻す動作をさせるプログラムのつくり方を紹介します。

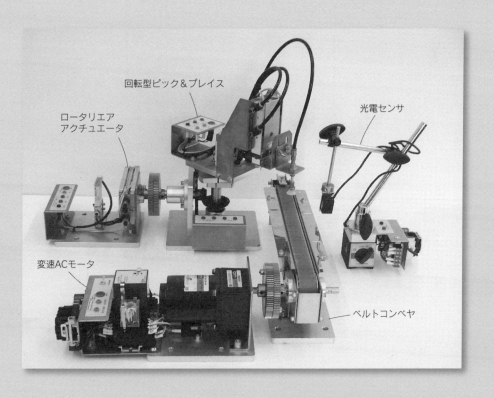

回転型ピック＆プレイス

光電センサ

ロータリエア
アクチュエータ

変速ACモータ

ベルトコンベヤ

ランプを順番に点灯するステップ送りはパルスとタイマを使う

ステップ送りスイッチを使い、スイッチを押すたびにランプを1つずつ順番に点灯していくプログラムを考えてみましょう。

図 12-1-1　操作パネル

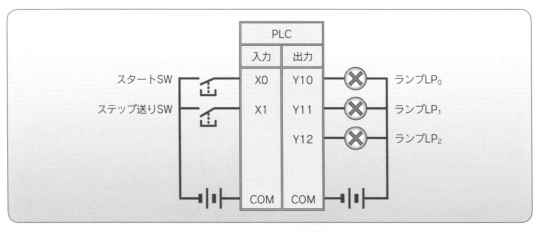

図 12-1-2　PLC 配線図

（1）ステップ送りのプログラム

　図 12-1-1 のようなランプとスイッチがある操作パネルで、スタート SW（X0）で起動してから、ステップ送り SW（X1）を押すたびに、ランプが上から順番に点灯するようにプログラムをつくってみます。図 12-1-2 はこの操作パネルの PLC 配線図です。

　このプログラムを状態遷移型を使ってつくってみると、図 12-1-3 のようになります。

ステップ送り SW をパルスにして、そのパルスが入ったときには1ステップだけ状態を進めています。このプログラムではパルス信号ですぐに次のリレーが ON にならないように、タイマを入れてあります。

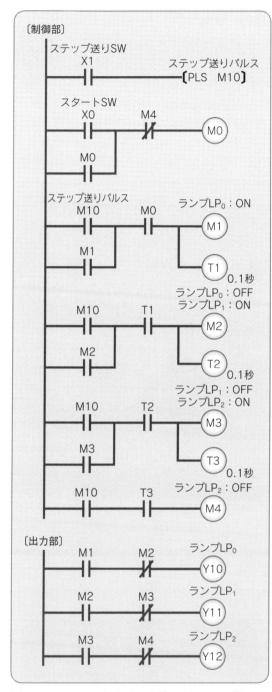

図 12-1-3　パルスとタイマを使ったステップ送りの
　　　　　 プログラム

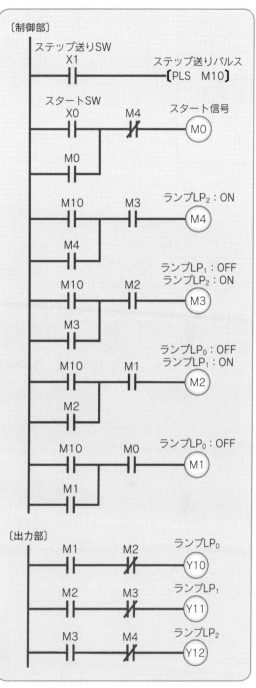

図 12-1-4　リレーコイルの順序を逆にした
　　　　　 ステップ送りのプログラム

（2） タイマを使わないステップ送りのプログラム

　このプログラムをタイマを使わないようにするには、リレーコイル M1～M4 の順序を逆にします。
図 12-1-4 がそのプログラムで、スタート SW を押してからステップ送り SW を押すと、1 回押すたびに M1、M2、M3 の順に自己保持になっていきます。さらにステップ送り SW を押して M4 のリレーコイルが ON になると、スタート信号の M0 が OFF になって初期状態に戻ります。

モータ駆動部のステップ送りはストローク終端のリミットスイッチで無条件に停止する

モータを使った装置ではステップ送りSWを押さなくても、リミットスイッチが入ったらモータを停止するようにします。モータを駆動する出力リレーにもリミットスイッチの信号を入れておきます。

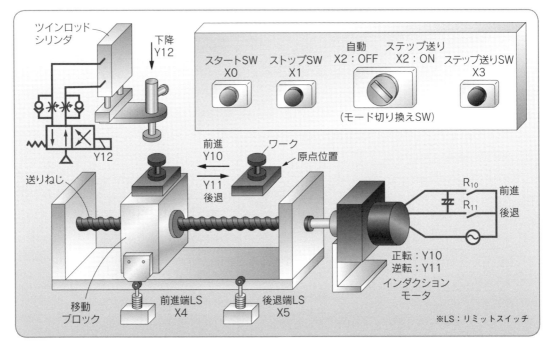

図12-2-1　送りねじによる送り込みとシリンダによる作業ユニット

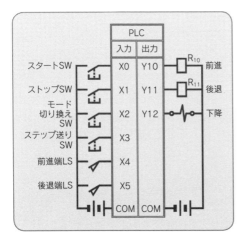

図12-2-2　PLC配線図

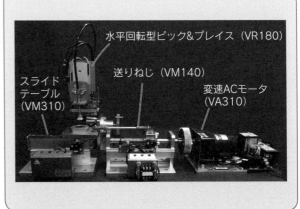

写真12-2-1　ワーク送りと作業ユニット

（1）装置の動作

図12-2-1は、モータで送りねじを前進し、送りねじの前進端でシリンダが下降して作業を行ってから後退する装置です。PLCの電気配線は**図12-2-2**、実際の装置の構成は**写真12-2-1**のようになっています。送りねじの移動ブロックが原点位置（後退端LS X5）にあるときに、ワークを移動ブロック上にセットし、モータ出力Y10をONにしてワークをシリンダの下まで移動します。モータ出力は前進端LS（X4）がONしたところで停止します。

続いてY12をONにしてシリンダを下降し、タイマで2秒かぞえたらシリンダを上昇します。シリンダの1往復動作が完了したら出力Y11をONにしてモータを逆転し、移動ブロックを後退します。後退端LS（X5）がONになったらモータを停止して、1サイクル動作が完了になります。このプログラムは**図12-2-3**のようになります。モード切り換えSWを右にひねってX2をONにするとステップ送りモードになります。ステップ送りをする状態送り信号はM20になっています。自動モードのときはX2のb接点が導通になるので、M20がONしたままになり、ステップ停止で止まることなく連続した動作をします。

（2）ステップ送りモード

ステップ送りモードのときはX2のb接点が非導通になるので、ステップ送りSW（X3）を押すたびにM20がパルスになって装置は1ステップずつ動作します。送りねじのモータは、M1でONにしてM2でOFFにします。M2の自己保持の開始条件にはM20は入れず、前進端LS（X4）がONしたら、すぐにM2がONになってモータを停止するようにします。送りねじの後退のときも同様に、M6の自己保持の開始条件にはM20を入れません。

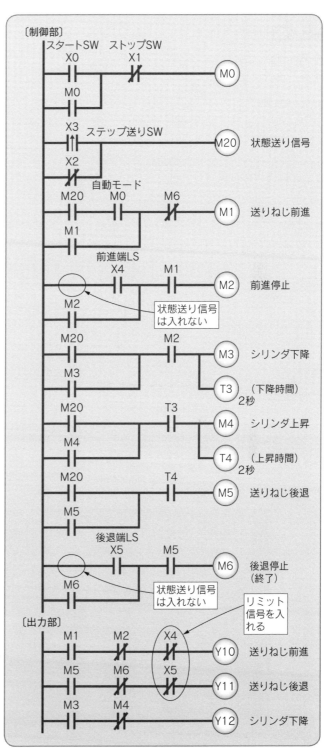

図12-2-3　ステップ送りのプログラム

ステップ戻しスイッチで逆の順序に動かすには状態信号をパルスで解除する

ステップ戻しをするには順序制御プログラムがそれに適した構造になっている必要があります。ステップ送りと逆の順序にステップ戻しをするプログラムを見てみましょう。

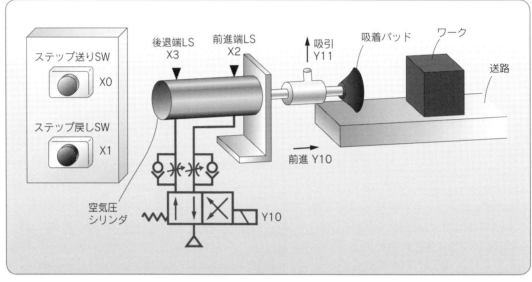

図 12-3-1　ワークを吸引して引き込む装置

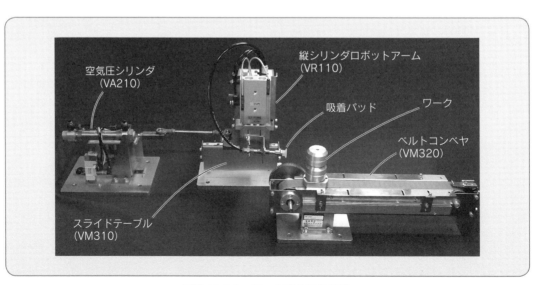

写真 12-3-1　ワーク引き込み装置

（1）装置の動作順序

図12-3-1は、送路上に置かれたワークを吸引し、シリンダで手前に移動する装置です。入出力機器のPLCの配線は図12-3-2のようになっています。動作順序は、シリンダが前進して吸着パッドがワークに密着したら、吸引し、2秒ほど吸引の時間をおいてからシリンダが後退し、ワークをシリンダ方向に移動します。

この動作をステップ送りSWを使ってスイッチを押すたびに

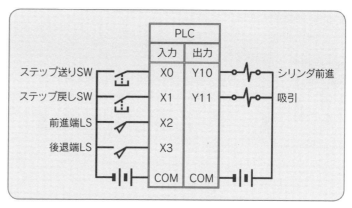

図12-3-2　PLC配線図

1ステップずつ動作を進めるようにプログラムします。また、動作途中でステップ戻しSWを押すと、1つ前のステップに戻るようなプログラムにしてみます。

（2）ステップ送り動作とステップ戻し動作

図12-3-3のプログラムのステップ送り動作は、M20のステップ送りパルスを使ってM20がONするたびに状態がM1 → M2 → M4 → M5 → M6の順に変化するようになっています。

ステップ戻し動作は、M30のステップ戻しパルスを使い、自己保持になっているM1〜M5の状態を表わすリレーを逆順序に解除するようになっています。

写真12-3-1は、ワーク引き込み装置をMM3000シリーズで構成したものです。

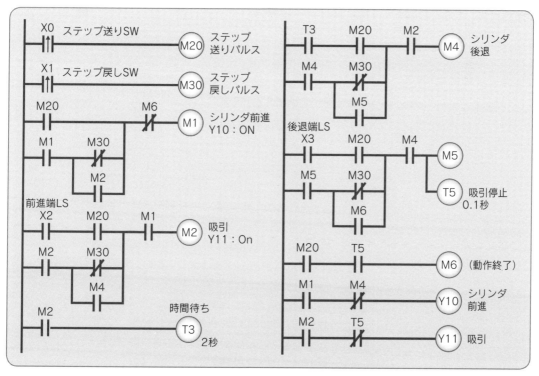

図12-3-3　ステップ送りとステップ戻しのプログラム

ステップ送りと自動運転を切り換えるにはセレクタスイッチを使う

装置の制御パネルにモード切り換えスイッチをつけて、自動運転とステップ送りの動作を切り換えることができるようにします。モード切り換えスイッチにはひねり型のセレクタスイッチを使います。ステップ送りモードではステップ送り SW を押すたびに、1 ステップずつ装置が動作するように制御します。

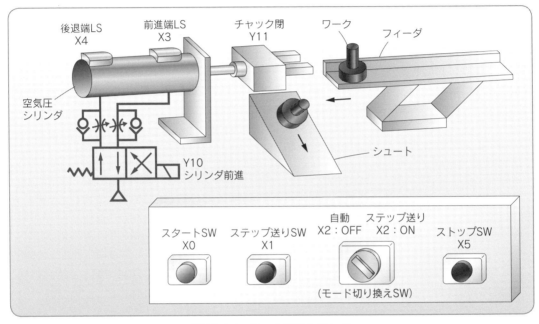

図 12-4-1　ワーク排出シリンダ

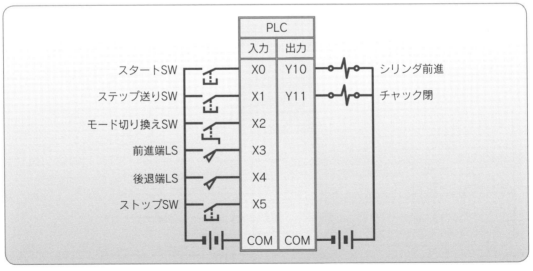

図 12-4-2　PLC 配線図

（1）装置の動作とステップ送りモード

図12-4-1は、シリンダを使ってフィーダ先端のワークをシュートに排出する装置です。この装置はシリンダ前進→チャック閉→シリンダ後退→チャック開という順に繰り返し動作します。シリンダによる取り出し時間の間に、ワークはフィーダ先端にセットされるものとします。**図12-4-2**は、この装置の入出力とPLCの配線図です。X2にモード切り換えSWがついていて、自動モードとステップ送りモードを切り換えられるようになっています。X2がONのときがステップ送りモードで、X2がOFFのときが自動モードです。

装置の動作は、シリンダが前進して前進端でチャックを閉じ、2秒後にシリンダが後退して後退

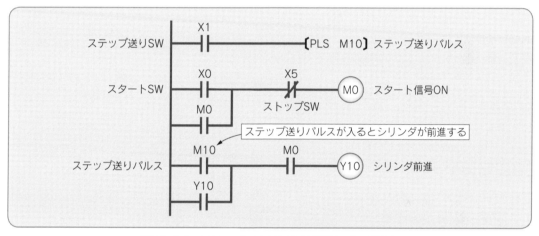

図12-4-3　ステップ送りパルス

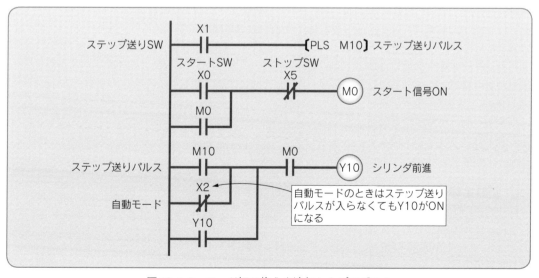

図12-4-4　ステップパルスによる制御のプログラム

図12-4-5　モード切り換えを追加したプログラム

端でチャックを開いて終了します。**図12-4-3**のように、ステップ送りSW（X1）の信号はM10のパルスに置き換えておきます。M10がONになるたびに装置の状態を1動作ずつ進めていきます。たとえばスタート信号M0がONしているときにM10がONしたら前進するのであれば**図12-4-4**のようになります。

（2）モード切り換えSWが自動のとき

次に、モード切り換えが自動になっていたら、ステップ送りパルスを待たずにY10がONするようにしてみます。自動モードの信号はX2のb接点になるので、**図12-4-5**のようなプログラムになります。X2のb接点は自動モードのときに閉じた状態（ON）になるので、モード切り換えSWを自動側にしておくと、M10のON/OFFにかかわらずY10がONします。

（3）モード切り換えSWがステップ送りのとき

モード切り換えSWをステップ送り側にすると、X2のb接点は開いた状態（OFF）になって、ステップ送りパルスが入力されるのを待つことになります。

このようにステップ送りパルスM10のa接点と、モード切り換えSW（X2）のb接点を並列に接続すると、連続した自動運転とステップ送りを切り換えられるようになります。

（4）装置全体のプログラム

図12-4-1の装置の一連の動作をモード切り換えSWを入れて記述したものが**図12-4-6**のプログラムです。

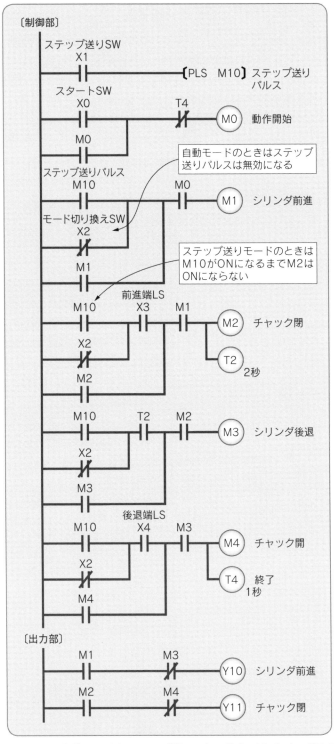

図12-4-6　自動モードとステップ送りの切り換えがあるプログラム

第13章

データメモリを使った
プログラム

自動運転をしたときの生産時間や、生産数量などの生産管理データを記録するプログラムについて考えてみます。コンベヤの駆動時間やシリンダの往復回数などがわかると、予防保全のデータとして利用することもできます。データメモリを使うと生産時間や生産数量などの管理データや、アクチュエータやメカニズムの動作時間のデータなどを簡単に取得できるようになります。

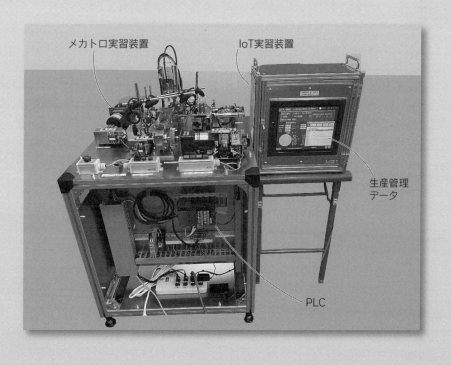

メカトロ実習装置　　IoT実習装置

生産管理
データ

PLC

予定した生産数で装置を停止するには比較演算命令を使う

生産数をデータメモリでカウントし、予定の数量になったときに装置を停止するにはデータメモリの比較演算命令を使います。比較演算命令を使うとデータメモリの値と指定した値を比較した結果の大小によって ON/OFF の状態を切り換えるようなプログラムをつくることができます。

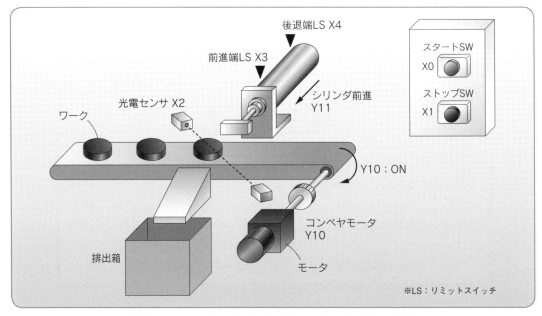

図 13-1-1 ワークを検出し排出箱にシリンダで落とす装置

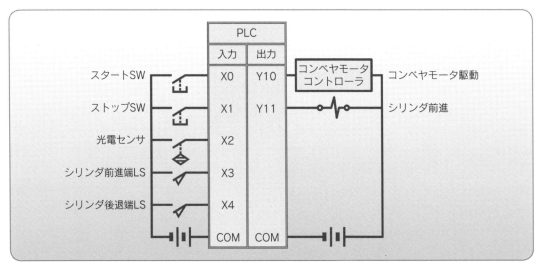

図 13-1-2 PLC 配線図

（1）装置の動作

図 13-1-1 の装置では、スタート SW で自動運転を開始してコンベヤを起動します。光電センサがワークを検出したらコンベヤを停止し、シリンダを1往復してワークを排出箱に落下します。PLC の配線は図 13-1-2 のようになっています。

（2）生産数のカウント

この装置の制御プログラムを自己保持型でつくると、図 13-1-3 のようになります。これに図 13-1-4 のプログラムを追加すると、データメモリ D0 で生産数をカウントして M10 が ON になったら運転を停止します。

図 13-1-4 のプログラムの1行目ではシリンダが前進端に達した信号である X3 のパルスが ON するたびに、＋命令（加算命令）でデータメモリ D0 の値に1を足し込んでシリンダが往復した回数を数えています。

X3 をパルスにしないと毎スキャンごとに加算命令が実行されてしまい、あっという間にオーバーフローしてしまうので注意します。

2行目では D0 と数値の 10 を比較して、D0 が 10 以上であればリレーコイル M10 を ON にしています。M10 が ON になると図 13-1-3 の自動運転開始信号 M0 が OFF になって装置は停止します。

（3）生産数のリセット

生産数が格納されている D0 の値を0に戻すには、転送命令 MOV を使って図 13-1-5 のように D0 に数値の0を代入します。ストップ SW を2秒間長押しすると D0 の値が0になります。

比較演算命令は PLC の機種により、図 13-1-6 のように記述するものもあります。

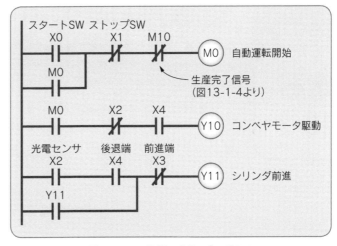

図 13-1-3　装置の制御プログラム

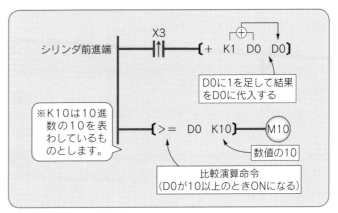

図 13-1-4　生産数のカウントと比較演算命令

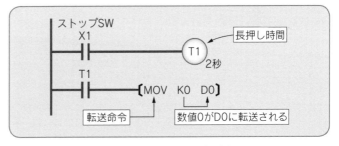

図 13-1-5　D0 に 0 を転送する

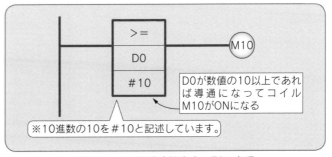

図 13-1-6　比較演算命令の別の表現

定石 13-2

稼働時間を計るには タイマとデータメモリを使う

装置が稼働している時間を積算してデータメモリに格納します。積算時間は決められた
秒数が経過するごとにデータメモリに1を足し込むようにして計算します。

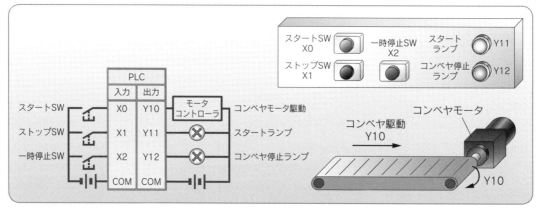

図13-2-1　コンベヤ搬送装置の自動運転

図13-2-1のようなコンベヤ搬送装置を自動運転します。この装置が図13-2-2の制御プログラムで動作しているとすると、自動運転中の信号はM0になるので、M0がONになっている時間を計れば稼働時間がわかります。そこで図13-2-3の1行目のようにタイマT1を使ってM0がONしているときに10秒ごとにT1がパルス信号になるようにプログラムします。2行目では、T1のパルスがONになったときにインクリメント（INC）命令を使ってデータメモリD1の値に1を加算しています。このようにすると、データメモリD1の値を見れば、自動運転が何十秒行われたのかがわかります。

3行目ではコンベヤの駆動時間中にタイマT2が1秒ごとにパルスになります。D3の値はその1秒ごとに1が加算されるので、コンベヤの駆動時間が秒単位でわかります。

PLCによってはINC命令の代わりに＋＋命令を使う場合もあります。あるいは加算命令を使って〔＋　K1　D3　D3〕としても同じ結果になります。

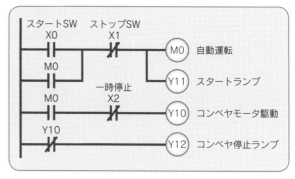

図13-2-2　装置の制御部のプログラム

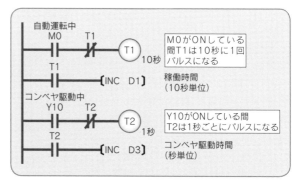

図13-2-3　移動時間とコンベヤ駆動時間の積算

シリンダの往復時間の平均値を出すにはMEAN命令を使う

シリンダ動作の不具合の兆候を管理するときなどには、何回かの動作時間の平均値が必要なことがあります。そのようなときには平均をとる MEAN 命令を使います。ここではシリンダの往復時間を計測して 10 回分の平均時間を計算します。

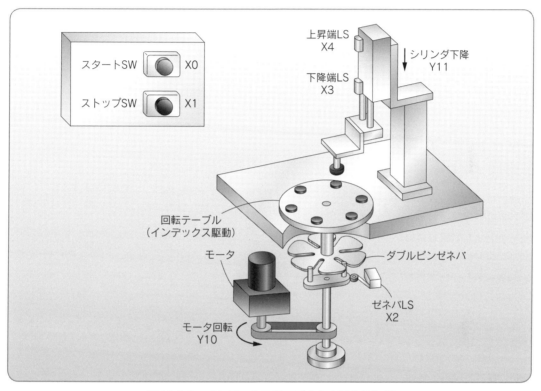

図 13-3-1　インデックステーブルと上下シリンダ

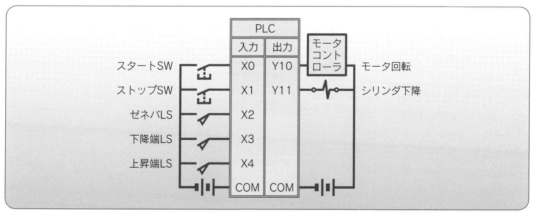

図 13-3-2　PLC 配線図

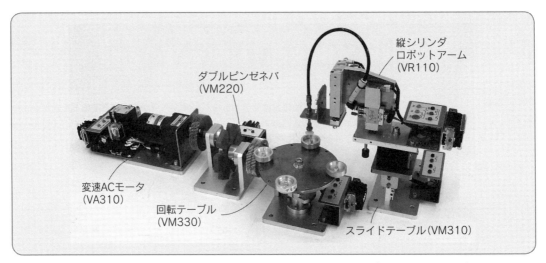

写真 13-3-1　ダブルピンゼネバを使ったインデックステーブルと上下シリンダ

（1）装置の構成

　図 13-3-1 は、ダブル
ピンゼネバで間欠駆動さ
れる回転テーブルと上下
に移動するシリンダを使
った装置です。テーブル
がインデックス送りされ
るたびにシリンダが上下
1 往復します。この装置
の PLC の配線は図 13-3-
2 の通りで、実際の装置
の構成は写真 13-3-1 の
ようになっています。

（2）シリンダ往復時
　　　間の計測

　この装置の制御プログ
ラムは図 13-3-3 のよう
になります。

　シリンダの往復開始は
リレーM10 で、終了が
M12 なので往復時間をタ
イマ T10 で計るために図
13-3-4 のプログラムを
追加します。〔1〕のよう
に T10 には十分に長い時
間を設定しておいて、
〔2〕のプログラムで M12
が ON になった時点の
T10 の値をデータメモリ

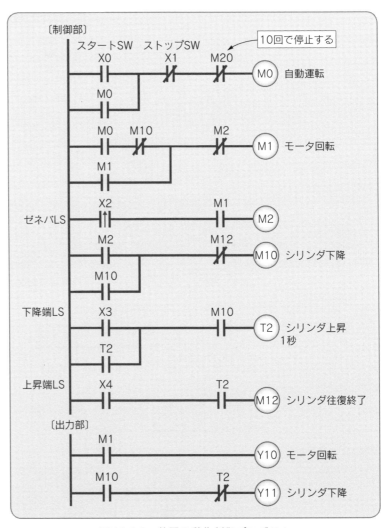

図 13-3-3　装置の動作制御プログラム

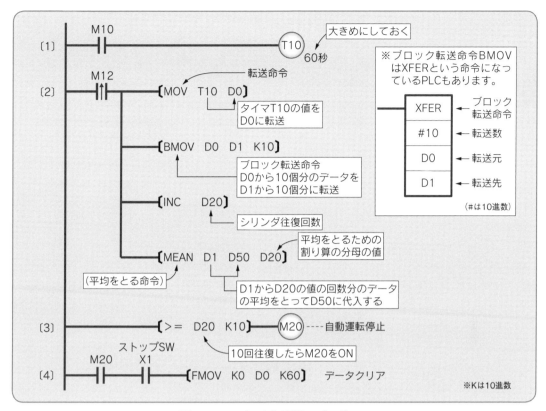

図13-3-4　データ処理部のプログラム

D0 に格納します。M12 はパルスになっています。

（3）計測時間の保存

図13-3-4の〔2〕の2行目では、D0～D9の値をブロック転送命令でD1から10個分のブロックに転送しています。

このブロック転送命令が実行されると、**図13-3-5** のように D0 から D9 までの 10 個分のデータを D1 から 10 個分のデータメモリに送るので、D0 の値は D1 に転送されます。次にブロック転送が行われると D1 にあったデータは D2 に転送されるので、10 回行うとデータの古い順に D10 から D1 までデータが入ることになります。次の INC 命令では、シリンダの往復の回数を D20 でカウントしています。

（4）シリンダの往復時間の平均値

図13-3-4 の〔2〕の最後の行では平均値をとる MEAN 関数を使って、D1 から D20 の値分のデータの平均値を計算して、結果を D50 に代入しています。〔3〕では D20 の値が 10 以上になったら M20 を ON にして自動運転を停止します。このときストップ SW（X1）を押したら

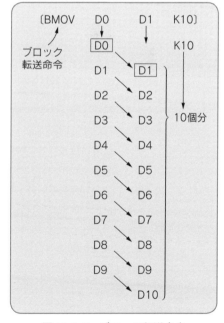

図13-3-5　ブロック転送命令

〔4〕のプログラムでデータがクリアされます。もちろん MEAN 関数を使わなくても、D1 から D9 までのデータをたし算して、10 で割れば平均値を出すことができます。

<table>
<tr><td>データ
メモリ</td><td rowspan="2">**時系列順にデータを保管する
にはブロック転送命令を使う**</td></tr>
<tr><td>定石
13-4</td></tr>
</table>

シリンダの下降時間を計測し、ワークの特性を調べます。計測したデータは順番にデータメモリに格納します。データメモリに過去の計測データを順番に保存していく方法を紹介します。

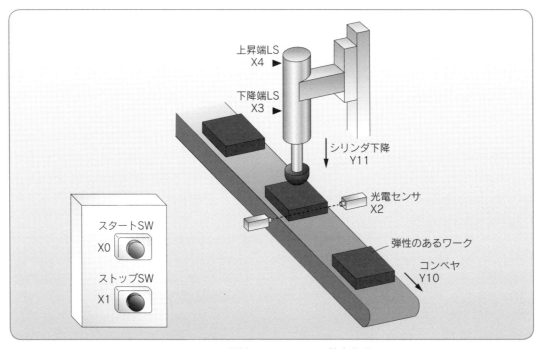

図 13-4-1　弾性のあるワークの検査装置

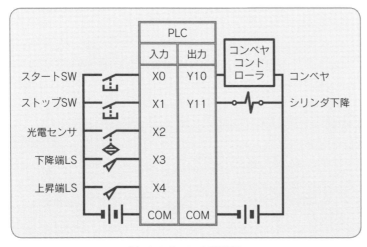

図 13-4-2　PLC 配線図

（1）装置の機能

　図 13-4-1 は、ワークの弾性を調べる装置です。ワークの弾性が強いとシリンダが下降端に到達するまでの時間が長くなります。シリンダが下降する時間を測定し、10 回分の測定値を D1〜D10 までの 10 個のデータメモリに格納します。20秒経過しても、下降端に到達しないときは不良品として処理します。

（2）データ収集プログラム

PLC の配線は**図13-4-2**のようになっています。

図13-4-3のプログラムでは、シリンダの下降出力 Y11 が ON している時間が下降中の時間になるので、それをタイマ T1 で計測しています。下降が完了すると Y11 が OFF になるので、Y11 の立下りパルスの信号でタイマ T1 の値を D0 に転送しています。MOV 命令と T1 のコイルのあるプログラムの順序を逆にするとデータが収集できないので注意します。

計測を終えてシリンダが上昇端に達すると上昇端 LS（X4）が OFF から ON に変化します。そこで、X4 のパルスが ON になったら、ブロック転送命令 BMOV で D0〜D9 までのデータを D1〜D10 に一括転送しています。それを 10 回繰り返すと、最初に収集したデータは D10 に、次のデータが D9 に、というような順序でデータが格納されます。このようにして毎回のシリンダの下降時間が順番に D1〜D10 に格納されます。

（3）データ収集の終了処理

データを 10 個取り終えたときに停止信号 M10 を ON にするのであれば、**図13-4-4**のプログラムを追加します。このプログラムではストップ SW（X1）を 5 秒間長押しするとタイマ T10 が ON になり、一括転送命令 FMOV を実行して、データメモリの D0〜D19 に数値の 0 が転送されて全データがクリアされます。

写真13-4-1は、本データメモリの実験に使った弾性のあるワークの検査装置です。

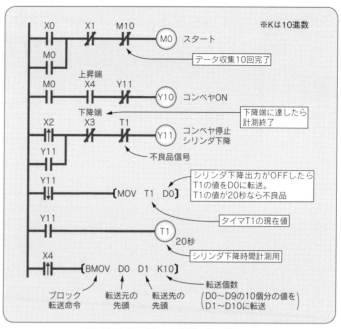

図13-4-3　データ収集プログラム

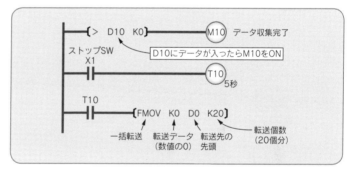

図13-4-4　10回計測したら停止するプログラム

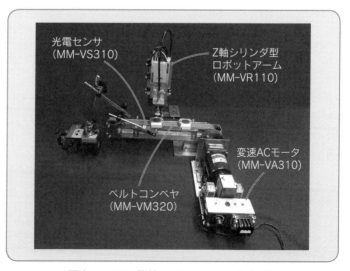

写真13-4-1　弾性のあるワークの検査装置

不良品データは転送命令を使って ワークと一緒に次のステーションに送る

回転型のインデックステーブルでワークを搬送し、毎回ワークの重量検査をする装置を制御するプログラムをつくります。検査結果の不良品データはワークと一緒に次のステーションに送ります。

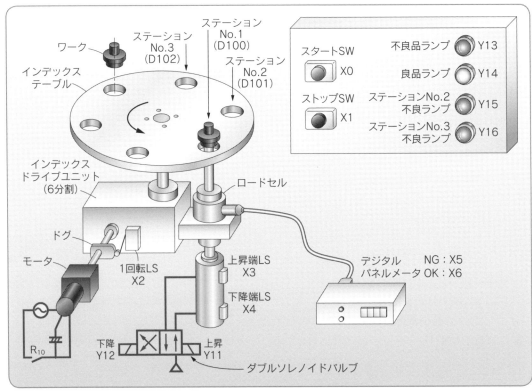

図13-5-1　インデックステーブル型検査装置

（1）装置の動作

図13-5-1 は、回転テーブルに6分割のインデックスドライブユニットをつけた搬送機構です。モータが1回転してドグが1回転 LS を ON したところで停止するとインデックステーブルが60°回転し、位置決めされるようになっています。PLC の配線は図13-5-2 のようになります。テーブルが位置決めされると、ロードセルをつけたシリンダが上昇して送られてきたワークを持ち上げてワー

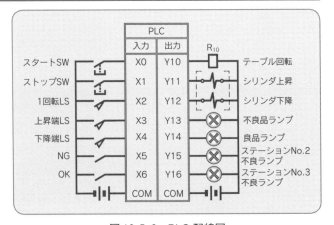

図13-5-2　PLC 配線図

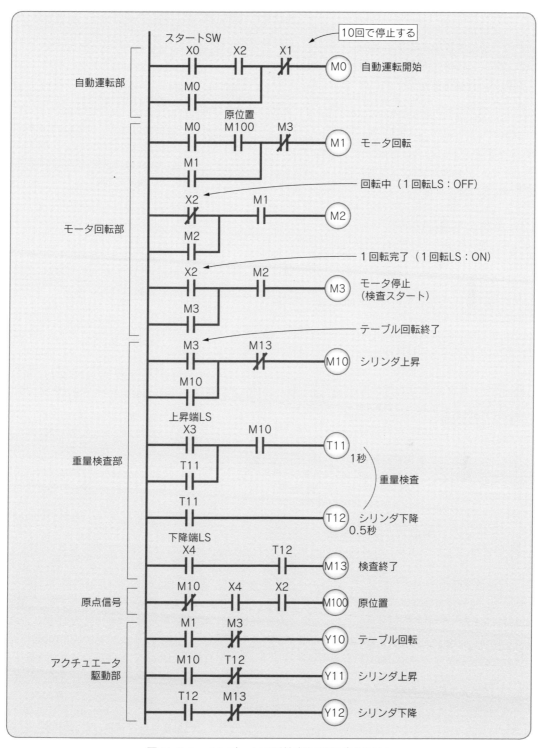

図 13-5-3　インデックス型検査装置のプログラム

175

クの重量を計測します。

(2) ロードセル

　ロードセルはワークを載せたときのひずみで抵抗値が変化するセンサです。デジタルパネルメータに接続し、補正するとワークの重量を表示することができます。デジタルパネルメータに設定した値と計測した重量を比較して設定範囲内の重量であれば OK 信号 X6 を ON にし、範囲外の場合は NG 信号 X5 を ON にします。

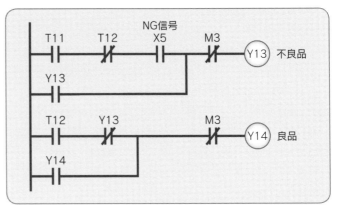

図 13-5-4　良品と不良品の判定

(3) 良品と不良品の判定

　この装置の動作プログラムを状態遷移型でつくると図 13-5-3 のようになります。

　検査はシリンダが上昇してから 1 秒後の T11 が ON してから T12 が ON するまでの間に行われます。この間に 1 回でも NG 信号が出たときには不良品と判定します。

　図 13-5-4 のプログラムでランプに検査結果を表示して、次のテーブルの回転が終了したときにランプ出力はリセットします。

　システムによっては検査時間内に良品信号が出ることを判定の基準にする方法もあります。

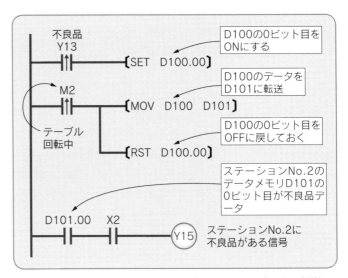

図 13-5-5　ステーション No.1 から No.2 へのデータの転送

(4) ワークの移動とデータの移動

　図 13-5-5 のプログラムで不良品のデータはテーブルが送られるたびに次のステーションに送ります。データメモリの D100 が検査をするステーション No.1 のデータになっていて、D100 の 0 ビット目を不良品のデータとします。検査の結果、不良品のときは D100 の 0 ビット目（D100.00）を ON にしてモータが回転している間にデータを転送します。次のステーション No.2 のデータを D101 として、ステーション No.1 のワークがステーション No.2 に移るときの信号 M2 が ON になったら MOV 命令で D100 のデータを D101 に移します。データ転送後に D101 の 0 ビット目（D101.00）が ON ならば、ステーション No.1 からステーション No.2 へ不良品が送られてきたことがわかります。

(5) ブロック転送命令

　もし不良データを全ステーションで使えるようにするのであれば、ブロック転送命令（BMOV）を使い、6 ステーションすべてのデータを一度に転送します。図 13-5-6 は、テーブルが回転したときに D100〜D105 のデータを D101〜D106 に転送するプログラムです。

　ブロック転送命令は図 13-5-7 のようにデータが転送されます。

　写真 13-5-1 は、インデックステーブルとシリンダを使った実験用の装置のモデルです。

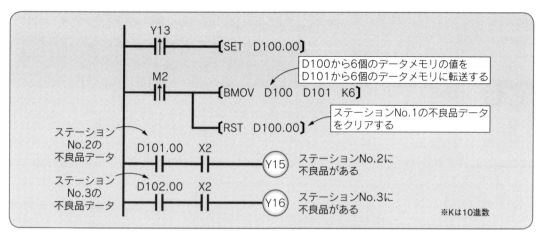

図 13-5-6　データの一括転送

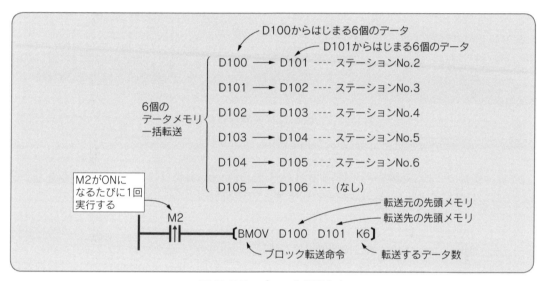

図 13-5-7　ブロック転送命令

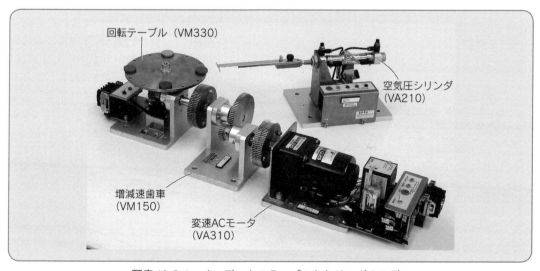

写真 13-5-1　インデックステーブルとシリンダのモデル

データメモリをクリアするには
同一データー括転送命令を使う

データメモリをクリアするにはデータメモリに 0 を書き込みます。同一データー括転送命令を使うと一度に複数のデータメモリに 0 を書き込むことができます。

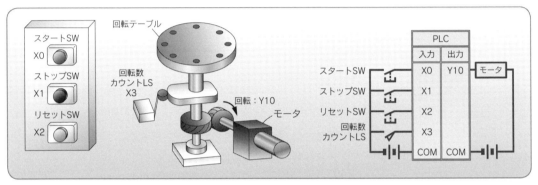

図 13-6-1　テーブルの回転回数を数える

図 13-6-1 はモータで回転テーブルを回わす簡単な装置です。制御プログラムは図 13-6-2 のようになっています。スタート SW（X0）を押してテーブルを回転し、データメモリを使って装置の操作状況を記録します。

スタート SW が押された回数を D0 に、ストップ SW が押された回数を D1 に、テーブルの回転回数を D2 に格納します。回数を数えるためにインクリメント（INC）命令でデータメモリの値に 1 を加えています。リセット SW（X2）を 2 秒間長押しすると、同一データー括転送命令 FMOV で D0 ～D2 に数値の 0 を書き込んで初期化しています。

INC 命令の代わりに＋＋命令を使う PLC もあります。いずれもデータメモリに 1 を加算する命令です。同一データー括転送命令 FMOV は PLC によっては BSET という命令になっていることもあります。BSET 命令は図 13-6-3 のような書式になります。K と＃は 10 進数を表わしています。

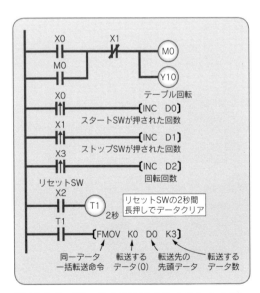

図 13-6-2　データメモリによるカウントとデータメモリのクリア

図 13-6-3　同一データー括転送命令 BSET の書式

索　引 <small>（五十音順）</small>

著者略歴

熊谷 英樹（くまがい ひでき）

1981 年　慶應義塾大学工学部電気工学科卒業。
1983 年　慶應義塾大学大学院電気工学専攻修了。住友商事株式会社入社。
1988 年　株式会社新興技術研究所入社。
フレクセキュア株式会社 CEO、日本教育企画株式会社代表取締役、山梨県立産業技術
短期大学校非常勤講師、自動化推進協会理事、高齢・障害・求職者雇用支援機構非常勤
講師。

主な著書
「ゼロからはじめるシーケンス制御」日刊工業新聞社、2001 年
「必携 シーケンス制御プログラム定石集―機構図付き」日刊工業新聞社、2003 年
「ゼロからはじめるシーケンスプログラム」日刊工業新聞社、2006 年
「絵とき『PLC 制御』基礎のきそ」日刊工業新聞社、2007 年
「MATLAB と実験でわかるはじめての自動制御」日刊工業新聞社、2008 年
「新・実践自動化機構図解集―ものづくりの要素と機械システム」日刊工業新聞社、2010 年
「実務に役立つ自動機設計 ABC」日刊工業新聞社、2010 年
「トコトンやさしいシーケンス制御の本」日刊工業新聞社、2012 年
「熊谷英樹のシーケンス道場 シーケンス制御プログラムの極意」日刊工業新聞社、
　　2014 年
「必携 シーケンス制御プログラム定石集 Part2―機構図付き」日刊工業新聞社、2015 年
「必携『からくり設計』メカニズム定石集―ゼロからはじめる簡易自動化」日刊工業新聞社、
　　2017 年
「ゼロからはじめる PID 制御」日刊工業新聞社、2018 年
「必携『からくり設計』メカニズム定石集 Part2―図でわかる簡易自動化の勘どころ」日刊工
　　業新聞社、2020 年
ほか多数

NDC 548

必携 PLCを使ったシーケンス制御プログラム定石集
——装置を動かすラダー図作成のテクニック——

2021 年 5 月 31 日　初版 1 刷発行
2024 年 11 月 8 日　初版 6 刷発行

© 著　者　　　熊谷英樹
　　発行者　　　井水治博
　　発行所　　　日刊工業新聞社　〒103-8548 東京都中央区日本橋小網町14番1号
　　　　　　　　書籍編集部　　　電話 03-5644-7490
　　　　　　　　販売・管理部　　電話 03-5644-7403　FAX 03-5644-7400
　　　　　　　　URL　　　　　　　https://pub.nikkan.co.jp/
　　　　　　　　e-mail　　　　　　info_shuppan@nikkan.tech
　　　　　　　　振替口座　　　　00190-2-186076

　　企画・編集　　エム編集事務所
　　印刷・製本　　美研プリンティング（株）

◉定価はカバーに表示してあります

今日からモノ知りシリーズ

トコトンやさしいシーケンス制御の本

熊谷英樹・戸川敏寿　著
定価 1540 円（本体 1400 円＋税）

身の周りにある家電や機械などの機能・動作を裏で支えているシーケンス制御。本書は、シーケンス制御を数式や難解な用語の使用を極力避け、イラストや図表を使ってわかりやすく解説。シーケンス制御を構成する機器（スイッチ、センサ、出力機器など）も取り上げている。

ゼロからはじめるシーケンスプログラム

熊谷英樹　著
定価 2640 円（本体 2400 円＋税）

PLC（プログラマブルコントローラ）を利用するシーケンスプログラム作成のための入門書。第 1 編は基本ラダー図の作成やプログラムの手順・規則などを解説、第 2 編は実務に直結したシーケンスプログラム作成のコツを紹介。

必携　シーケンス制御プログラム定石集—機構図付き—

熊谷英樹　著
定価 2750 円（本体 2500 円＋税）

生産現場でよく使われるシーケンス制御を選び出し、定石集としてまとめている。機構図、電気回路、制御プログラムにより構成。基本制御の初級編から実用テクニックの中級編、さらにシステム構築編まで 70 定石を収録。

必携　シーケンス制御プログラム定石集　Part2—機構図付き—

熊谷英樹　著
定価 2750 円（本体 2500 円＋税）

実務に役立つ書籍として好評を博している「必携　シーケンス制御プログラム定石集」の続編。この Part2 では、シーケンス制御の目的別にプログラム作成の要点を解説、より実践に即した内容とした。立体的な機械構造図と回路図、プログラムをセットで掲載し、理解しやすい構成となっている。

ゼロからはじめるシーケンス制御

熊谷英樹　著
定価 2420 円（本体 2200 円＋税）

シーケンス回路の組立から応用のきくプログラミング手法まで、図解によりわかりやすく解説した入門書。ハードウエア編、プログラミング基礎編、ラダー図作成編による、ステップを踏んだ構成で入門者のレベル向上が図れる。